पर्यावरण विज्ञान

सुब्रत रॉय

KHANNA BOOK PUBLISHING CO. (P) LTD.
PUBLISHER OF ENGINEERING AND COMPUTER BOOKS
4C/4344, Ansari Road, Darya Ganj, New Delhi-110002
Phone: 011-23244447-48 **Mobile:** +91-99109 09320
E-mail: contact@khannabooks.com
Website: www.khannabooks.com

Dear Readers,

To prevent the piracy, this book is secured with HIGH SECURITY HOLOGRAM on the front title cover. In case you don't find the hologram on the front cover title, please write us to at contact@khannabooks.com or whatsapp us at +91-99109 09320 and avail special gift voucher for yourself.

Specimen of Hologram on front Cover title:

Moreover, there is a SPECIAL DISCOUNT COUPON for you with EVERY HOLOGRAM.

How to avail this SPECIAL DISCOUNT:

Step 1: Scratch the hologram

Step 2: Under the scratch area, your "coupon code" is available

Step 3: Logon to www.khannabooks.com

Step 4: Use your "coupon code" in the shopping cart and get your copy at a special discount

Step 5: Enjoy your reading!

ISBN: 978-93-5538-018-0
Book Code: DIP185HI

Environmental Science *by* Subrat Roy
[Hindi Edition]

First Edition: 2021
Reprint: Oct 2022, **April 2023**

Published by:
Khanna Book Publishing Co. (P) Ltd.
CIN: U22110DL1998PTC095547

Visit us at: **www.khannabooks.com**
Write us at: **contact@khannabooks.com**

To view complete list of books,
Please scan the QR Code:
KPH

Printed in India.

प्रो. अनिल डी. सहस्रबुद्धे
अध्यक्ष
Prof. Anil D. Sahasrabudhe
Chairman

सत्यमेव जयते

अखिल भारतीय तकनीकी शिक्षा परिषद्
(भारत सरकार का एक सांविधिक निकाय)
(शिक्षा मंत्रालय, भारत सरकार)
नेल्सन मंडेला मार्ग, वसंत कुंज, नई दिल्ली–110070
दूरभाष : 011–26131498
ई–मेल : chairman@aicte-india.org

ALL INDIA COUNCIL FOR TECHNICAL EDUCATION
(A STATUTORY BODY OF THE GOVT. OF INDIA)
(Ministry of Education, Govt. of India)
Nelson Mandela Marg, Vasant Kunj, New Delhi-110070
Phone : 011-26131498
E-mail : chairman@aicte-india.org

प्राक्कथन

इंजीनियरिंग ने सदियों से समाज की प्रगति और विस्तार में बहुत महत्वपूर्ण भूमिका निभाई है। भारतीय उपमहाद्वीप में उपजे इंजीनियरिंग विचारों ने संपूर्ण विश्व के चिंतन को प्रभावित किया है।

अखिल भारतीय तकनीकी शिक्षा परिषद (अभातशिप) ने वर्ष 1987 में अपने स्थापना से ही तकनीकी विद्यार्थियों को सर्व संभव सहायता देने में अग्रणी भूमिका का निर्वहन किया है। अभातशिप का लक्ष्य गुणवत्तापूर्ण तकनीकी शिक्षा को प्रोत्साहन देते हुए इसके माध्यम से उद्योग जगत को नवीन उत्कर्ष पर पहुँचाना एवं अंततः मातृभूमि भारत को एक आधुनिक विकसित राष्ट्र के रूप में स्थापित करना है| यहां यह उल्लेख करना अनुचित नहीं होगा कि इंजीनियर आधुनिक समाज की रीढ़ हैं - बेहतर इंजीनियर अर्थात बेहतर उद्योग और उद्योग जितने बेहतर होंगे राष्ट्र उतना ही विकास करेगा।

राष्ट्रीय शिक्षा नीति 2020 की परिकल्पना है कि सभी के लिए क्षेत्रीय भाषा में शिक्षा उपलब्ध हो, जो सुनिश्चित करती है कि प्रत्येक विद्यार्थी समग्र रूप से सक्षम एवं दक्ष हो ताकि राष्ट्रीय विकास में सकल योगदान दे सके।

अभातशिप का विगत कुछ वर्षों से यह अथक प्रयास रहा है कि, इंजीनियरिंग के सभी विद्यार्थियों को उच्च गुणवत्ता वाली अंतरराष्ट्रीय स्तर की पुस्तकें क्षेत्रीय भाषाओं में तैयार कर, उचित मूल्य पर उपलब्ध कराई जाएँ। ये पुस्तकें न केवल सरल भाषा में व्यावहारिक जीवन के उदाहरणों तथा समृद्ध विषय सामग्री को ध्यान में रखकर तैयार की गई हैं, अपितु इनमें दिन प्रति दिन बदलते वैश्विक परिदृश्य तथा उद्योग जगत की आवश्यकताओं का भी ध्यान रखा गया है। क्षेत्रीय भाषाओँ में तैयार की गई ये पुस्तकें, अभातशिप के इंजीनियरिंग एवं प्रौद्योगिकी के मॉडल पाठ्यक्रम - 2018 के अनुरूप हैं।

संपूर्ण भारत के अनुभवी एवं विषय के निष्णात प्रख्यात प्राध्यापकों द्वारा इन पुस्तकों को अकादमिक समुदाय के लाभ के लिए लिखा गया है। अभातशिप को पूर्ण विश्वास है कि, विषय सामग्री की दृष्टि से समृद्ध, ये पुस्तकें तकनीकी शिक्षा के विद्यार्थियों को अधिक सुगमता और गुणवत्ता के साथ विषयों में दक्षता प्राप्त करने में सहायक होंगी|

अभातशिप इन पुस्तकों और इंजीनियरिंग विषयों को अधिक सुस्पष्ट एवं प्रभावी बनाने के लिए सभी मूल लेखकों, समन्वयकों तथा अनुवादकों के अथक प्रयास और परिश्रम की प्रशंसा करता है।

(Anil D. Sahasrabudhe)

आभार

इंजीनियरिंग एवं प्रौद्योगिकी के विद्यार्थियों के लिए तकनीकी पुस्तकों के प्रकाशन हेतु कुशल नियोजन, संयोजन एवं क्रियान्वयन हेतु अखिल भारतीय तकनीकी शिक्षा परिषद् के प्रति लेखक हृदय से कृतज्ञ हैं।

पुस्तक को विद्यार्थियों के अनुकूल रोचक एवं कलात्मक रूप देने में पुस्तक के समीक्षक डॉ. एस. पी. मिश्रा के बहुमूल्य योगदान के प्रति भी लेखक हृदय से आभारी है।

लेखक के लिए अत्यंत गौरव का विषय है कि, यह पुस्तक एआईसीटीई के मॉडल पाठ्यक्रम एवं राष्ट्रीय शिक्षा नीति (NEP)–2020 के दिशानिर्देशों के अनुरूप तैयार की गई है। साथ ही क्षेत्रीय भाषाओं में शिक्षा को बढ़ावा देने के लिए इस पुस्तक का अनुसूचित भारतीय क्षेत्रीय भाषाओं में भी अनुवाद किया जा रहा है।

हम इस पुस्तक के हिंदी भाषा में अनुवाद के लिए प्रो. सविता व्यास के प्रति आभार व्यक्त करते हैं।

हम श्री बुद्धा चंद्रशेखर, मुख्य समन्वय अधिकारी (CCO), NEAT, एआईसीटीई के प्रति हार्दिक सम्मान व्यक्त करते हैं जिनके द्वारा विकसित आर्टिफिशियल इंटेलिजेंस (AI) आधारित ट्रांसलेशन टूल का उपयोग अनुवाद के लिए किया गया।

अंत में, लेखक, खन्ना बुक पब्लिशिंग कंपनी प्राइवेट लिमिटेड, नई दिल्ली, के सभी सदस्यों जिन्होंने प्रकाशन के दौरान तत्परता से सहयोग प्रदान किया एवं इसे एक स्मरणीय अनुभव बनाया, के प्रति भी हार्दिक धन्यवाद ज्ञापित करते हैं।

– सुब्रत रॉय

प्रस्तावना

"पर्यावरण विज्ञान" पर यह पुस्तक पर्यावरण इंजीनियरिंग और विज्ञान के क्षेत्र में हमारे शिक्षण के समृद्ध अनुभव का प्रतिफल है। इस पुस्तक को लिखने का उद्देश्य डिप्लोमा के विद्यार्थियों में पर्यावरण विज्ञान की समझ को विकसित करना और साथ ही उन्हें इस विषय में अंतर्दृष्टि प्राप्त करने में सक्षम बनाना है। व्यापक विस्तार के उद्देश्य के साथ-साथ आवश्यक पूरक जानकारी प्रदान करने के लिए पूरी पुस्तक में एआईसीटीई द्वारा अनुशंसित विषयों को व्यवस्थित एवं क्रमिक रूप से समाहित किया गया है। विषय की मौलिक अवधारणाओं को सरल तरीके से समझाने का प्रयास किया गया है।

पुस्तक लिखने की प्रक्रिया के दौरान, विभिन्न मानक पाठ्य पुस्तकों पर विचार किया गया है और उसके अनुसार विषयनिष्ठ और बहुविकल्पीय प्रश्न इत्यादि जैसे अनुभाग तैयार किये है। विभिन्न अनुभागों को तैयार करते समय सभी विषयों की मूल अवधारणाओं पर भी विशेष ध्यान दिया गया है। विषयवस्तु को बेहतर तरीके से समझाने के लिए सभी विषयों का प्रासंगिक चित्रों के द्वारा वर्णन किया गया है। पुस्तक में कुल चार यूनिट हैं; पहली यूनिट पारिस्थितिक तंत्र से संबंधित है, दूसरी यूनिट वायु एवं ध्वनि प्रदूषण से संबंधित है, तीसरी यूनिट में ऊर्जा के नवीकरणीय स्रोतों के विषय में चर्चा की गयी है, और चौथी यूनिट ठोस अपशिष्ट प्रबंधन, ISO 14000 एवं पर्यावरण प्रबंधन पर केंद्रित है। यह ध्यान रखना महत्वपूर्ण है कि सभी यूनिट में, हमने प्रासंगिक वेबसाइटें और संदर्भित पुस्तकों की सूची प्रदान की है।

"पर्यावरण विज्ञान" पर यह पुस्तक शामिल किए गए विषयों पर समग्र मूलभूत आधार प्रदान करती है। पर्यावरण विज्ञान का यह भाग विद्यार्थियों को 21वीं सदी में सम्भावित पर्यावरणीय चुनौतियों से निपटने और संबंधित प्रश्नों के समाधानों के लिए पुस्तक में शामिल विभिन्न विषयों की अवधारणाओं को लागू करने के लिए तैयार करेगा। इसमें विषयवस्तु को रचनात्मक तरीके से इस प्रकार प्रस्तुत किया गया है, कि यह निश्चित रूप से विद्यार्थियों को प्रदूषण मुक्त पारिस्थितिक तंत्र बनाए रखने के लिए समाज का मार्गदर्शन करने में भी सहायक होगी।

मुझे पूरी उम्मीद है कि यह पुस्तक विद्यार्थियों को पर्यावरण विज्ञान की आधारभूत अवधारणाओं को सीखने और चर्चा करने के लिए प्रेरित करेगी और निश्चित रूप से विषय की ठोस नींव के विकास में योगदान देगी। मैं उन सभी लाभकारी टिप्पणियों और सुझावों का स्वागत करता हूँ, जो पुस्तक के भविष्य के संस्करणों के सुधार में योगदान देंगे। इस पुस्तक को शिक्षकों और विद्यार्थियों के हाथों में सौंपते हुए मुझे बहुत प्रसन्नता हो रही है। पुस्तक में समाहित विभिन्न पहलुओं पर कार्य करना वास्तव में अत्यंत हर्ष का विषय रहा है।

– सुब्रत रॉय

परिणाम आधारित शिक्षा

परिणाम आधारित शिक्षा (Outcome Based Education) के क्रियान्वयन के लिए प्रथम आवश्यकता है, परिणाम आधारित पाठ्यक्रम विकसित करना एवं शिक्षा प्रणाली में परिणाम आधारित मूल्यांकन का समावेश करना। परिणाम आधारित आकलन के माध्यम से मूल्यांकनकर्ता यह मूल्यांकन करने में सक्षम हो सकेंगे कि क्या विद्यार्थियों ने उल्लेखित मानक, विशिष्ट और मापने योग्य लक्ष्यों (परिणामों) को प्राप्त कर लिया है। परिणाम-आधारित शिक्षा के उचित समावेश से सभी विद्यार्थियों में, प्रोग्राम बीच में छोड़े बिना, न्यूनतम मानक अर्जित करने के लिए एक निश्चित प्रतिबद्धता होगी। परिणाम आधारित शिक्षा युक्त प्रोग्राम के अंत में, विद्यार्थी निम्नलिखित लक्ष्यों (परिणामों) तक पहुँचने में सक्षम होगे (NBA के दिशानिर्देशों के अनुसार):

PO-1 : **मूलभूत एवं अध्ययन संकाय विशिष्ट ज्ञान:** गणित, विज्ञान, इंजीनियरिंग के आधारभूत ज्ञान और इंजीनियरिंग विशेषज्ञता कों इंजीनियरिंग समस्याओं के समाधान के लिए उपयोग करना।

PO-2 : **समस्या विश्लेषण:** संहिताबद्ध मानक विधियों का उपयोग करके सुपरिभाषित इंजीनियरिंग समस्याओं को पहचानना एवं उनका विश्लेषण करना।

PO-3 : **समाधानों की रूपरेखा/विस्तार:** सुपरिभाषित तकनीकी समस्याओं के लिए समाधानों की रूपरेखा (डिजाईन) तैयार करना और निर्दिष्ट आवश्यकताओं को पूरा करने के लिए प्रणाली के घटकों या प्रक्रियाओं के डिजाइन में सहायता करना।

PO-4 : **इंजीनियरिंग उपकरण, प्रयोग एवं परीक्षण:** मानक परीक्षण और माप करने के लिए आधुनिक इंजीनियरिंग उपकरण और उपयुक्त तकनीक का उपयोग करना।

PO-5 : **समाज एवं पर्यावरणीय स्थायित्व के लिए इंजीनियरिंग कार्यप्रणाली:** समाज, स्थिरता, पर्यावरण और नैतिक कार्यप्रणालियों के संदर्भ में उपयुक्त प्रौद्योगिकी का उपयोग करना।

PO-6 : **परियोजना प्रबंधन:** इंजीनियरिंग और प्रबंधन के सिद्धांतों का उपयोग व्यक्तिगत एवं समूह के सदस्य अथवा प्रमुख के रूप में परियोजना प्रबंधन करना एवं सुपरिभाषित इंजीनियरिंग गतिविधियों के विषय में प्रभावी ढंग से संप्रेषित करना।

PO-7 : **जीवन-पर्यन्त सीखना:** व्यक्तिगत आवश्यकताओं का विश्लेषण करने की क्षमता और तकनीकी परिवर्तनों के व्यापक संदर्भ में जीवन-पर्यन्त सीखना।

कोर्स आउटकम्स

पाठ्यक्रम के पूर्ण होने पर विद्यार्थी निम्न में सक्षम होंगे:

CO-1 : पारिस्थितिकी तंत्र से संबद्ध वास्तविक जीवन की समस्याओं का विश्लेषण करने में।

CO-2 : प्रदूषण के विभिन्न स्रोतों एवं उसके प्रभावों की व्याख्या करने में।

CO-3 : पर्यावरण प्रदूषण पर नियंत्रण के लिए विभिन्न प्रकार की प्रदूषण नियंत्रण प्रणाली लागू करने में।

CO-4 : नवीकरणीय ऊर्जा के विभिन्न स्रोतों और दोहन की प्रक्रिया की व्याख्या करने में।

CO-5 : ठोस अपशिष्ट प्रबंधन, ISO 14000 एवं पर्यावरण प्रबंधन की व्याख्या करने में।

कोर्स आउटकम्स	**प्रोग्राम आउटकम्स (POs) के साथ अपेक्षित संबंध** *1. कमजोर सहसंबंध; 2. मध्यम सहसंबंध; 3. मजबूत सहसंबंध*						
	PO-1	**PO-2**	**PO-3**	**PO-4**	**PO-5**	**PO-6**	**PO-7**
CO-1	3	3	-	-	3	-	2
CO-2	3	-	-	1	3	-	2
CO-3	3	1	-	2	3	1	2
CO-4	3	-	-	2	3	1	2
CO-5	3	-	-	-	3	-	2

संक्षेपण और प्रतीक

पारिभाषिक शब्द			
संक्षेपण	**विस्तृत रूप**	**संक्षेपण**	**विस्तृत रूप**
Ag	अर्जेंटम/(सिल्वर)	CFC	क्लोरोफ्लोरोकार्बन
As	आर्सेनिक	CO	कोर्स आउटकम
ATP	एडेनोसीन ट्रायफोस्फेट	DNA	डाइऑक्सी-राइबो-न्यूक्लिक एसिड
Au	ऑरम / गोल्ड	HC	हाइड्रोकार्बन
C	कार्बन	Hg	हाइड्रैग्यरम/मरकरी
CO	कार्बन मोनोऑक्साइड	Mo	मोलिब्डेनम
CO_2	कार्बन डाइऑक्साइड	MSW	म्युनिसिपल सॉलिड वेस्ट
CH_4	मीथेन	Ni	निकल
Co	कोबाल्ट	Pb	प्लंबम/लेड
Cr	क्रोमियम	UV	अल्ट्रावायलेट
Cu	क्यूप्रम (कॉपर)	VOCs	वोलेटाइल आर्गेनिक कंपाउंड्स
प्रयुक्त इकाइयाँ			
cm	सेंटीमीटर	Mm	मिलीमीटर
μm	माइक्रोमीटर	dB	डेसिबल
$\mu N/m^2$	माइक्रो न्यूटन/मीटर वर्ग	Hz	हर्टज
GW	गीगावाट	KW	किलोवाट
MW	मेगावाट	TW	टेरावाट

चित्र सूची

शिक्षकों के लिए दिशानिर्देश

परिणाम आधारित शिक्षा (OBE) की रुपरेखा के क्रियान्वयन और ब्लूम की टैक्सोनॉमी के उपयोग पर अधिक ध्यान देने के लिए आवश्यक है कि विद्यार्थियों के ज्ञान एवं व्यावसायिक कौशल को बढ़ाया जाना चाहिए। इसके उचित क्रियान्वयन के लिए शिक्षकों को एक बड़ी जिम्मेदारी लेनी चाहिए। परिणाम आधारित शिक्षा प्रणाली में शिक्षकों के असीमित उत्तरदायित्वों में से कुछ निम्न प्रकार के हो सकते है:

- यथोचित प्रतिबंधो के अंतर्गत, सभी विद्यार्थियों के सर्वोत्तम लाभ के लिए उन्हें युक्तिपूर्ण तरीके से समय का प्रबंधन करना चाहिए।
- उन्हें विद्यार्थियों का आकलन किसी भेदभाव या अन्य संभावित अपात्रता पर विचार किए बिना केवल कुछ निश्चित मानदंडों के आधार पर ही करना चाहिए।
- उन्हें विद्यार्थियों के संस्थान छोड़ने के पूर्व उनकी सीखने की क्षमता को एक निश्चित स्तर तक बढ़ाने का प्रयास करना चाहिए।
- उन्हें यह सुनिश्चित करने का प्रयास करना चाहिए कि शिक्षा पूर्ण करने तक सभी विद्यार्थी गुणवत्ता पूर्ण ज्ञान एवं योग्यता ग्रहण कर चुके हों।
- उन्हें विद्यार्थियों को उनकी श्रेष्ठ प्रदर्शन करने की क्षमताओं को विकसित करने के लिए हमेशा प्रोत्साहित करना चाहिए।
- उन्हें नए दृष्टिकोण को सुदृढ़ करने के लिए सामूहिक एवं दलगत रूप में कार्य करने के लिए सुविधा एवं प्रोत्साहन देना चाहिए।
- उन्हें आकलन के प्रत्येक चरण में ब्लूम्स टैक्सोनॉमी का पालन करना चाहिए।

ब्लूम्स टैक्सोनॉमी

स्तर	शिक्षक को जाँचना चाहिए	विद्यार्थी को सक्षम होना चाहिए	आकलन का संभावित तरीका
सृजन Creating	विद्यार्थियों की सृजन क्षमता	डिजाइन या सृजन	लघु परियोजना
मूल्यांकन Evaluating	विद्यार्थियों की तर्क एवं मूल्यांकन की क्षमता	तर्क या प्रतिरक्षा	निर्दिष्ट कार्य
विश्लेषण Analyzing	विद्यार्थियों की विश्लेषण क्षमता	पृथक करना या भेद करना	परियोजना एवं प्रयोगशाला पद्धति
अनुप्रयोग Applying	विद्यार्थियों में जानकारी के उपयोग की क्षमता	प्रचालन/प्रदर्शन	तकनीकी प्रस्तुति/प्रदर्शन
समझ Understanding	विद्यार्थियों में विचारों की व्याख्या करने की क्षमता	व्याख्या या वर्गीकरण	प्रस्तुति/संगोष्ठी
स्मरण Remembering	विद्यार्थियों की याद करने की क्षमता (या याद रखना)	परिभाषित या याद करना	प्रश्नोत्तरी

विद्यार्थियों के लिए दिशानिर्देश

विद्यार्थियों को परिणाम आधारित शिक्षा (OBE) को लागू करने के लिए समान जिम्मेदारी लेनी चाहिए। परिणाम आधारित शिक्षा प्रणाली में विद्यार्थियों के लिए असीमित जिम्मेदारियों में से कुछ इस प्रकार हैं:

- प्रत्येक पाठ्यक्रम में यूनिट शुरू होने से पहले विद्यार्थियों को प्रत्येक UO के बारे में अच्छी तरह से अवगत होना चाहिए।
- पाठ्यक्रम शुरू होने से पहले विद्यार्थियों को प्रत्येक CO के बारे में अच्छी तरह से अवगत होना चाहिए।
- पाठ्यक्रम शुरू होने से पहले विद्यार्थियों को प्रत्येक PO के बारे में अच्छी तरह से अवगत होना चाहिए।
- विद्यार्थियों को उचित चिंतन और क्रिया के साथ आलोचनात्मक और तर्कसंगत रूप से सोचना चाहिए।
- विद्यार्थियों के सीखने को व्यावहारिक और दैनिक जीवन के परिणामों के साथ सम्बद्ध और एकीकृत किया जाना चाहिए।
- विद्यार्थियों को परिणाम आधारित शिक्षा के प्रत्येक स्तर पर अपनी योग्यता से अच्छी तरह अवगत होना चाहिए।

विषय-सूची

1 पारिस्थितिकीय तंत्र

यूनिट विशिष्ट

यह यूनिट निम्नलिखित मुख्य पहलुओं से संबंधित है:

- जलीय (लेंटिक और लोटिक) और स्थलीय पारिस्थितिकी तंत्र
- पारिस्थितिकी तंत्र, जैविक और अजैविक घटकों की संरचना
- खाद्य श्रृंखला एवं खाद्य जाल
- कार्बन, नाइट्रोजन, फास्फोरस एवं सल्फर चक्र
- वैश्विक तापन (ग्लोबल वार्मिंग)–कारण, प्रभाव, ग्रीनहाउस प्रभाव और ओजोन क्षरण

पुस्तक के अध्ययनकर्ताओं में जिज्ञासा और सृजनात्मकता पैदा करने के लिए सभी विषयों को प्रासंगिक तस्वीरों के साथ प्रस्तुत किया गया है। अभ्यास के लिए बहुविकल्पीय और विषयनिष्ठ प्रश्न दिए गए हैं। विषय को और अधिक समझने, अवधारणाओं और शंकाओं (यदि कोई हो) के स्पष्टीकरण के लिए संसाधन जैसे संदर्भ पुस्तकें, ओपन रिसोर्स सॉफ्टवेयर और वेबसाइट, वीडियो संसाधन आदि भी इकाई में दिए गए हैं। रुचि के विभिन्न विषयों से सम्बंधित ज्ञान के लिए क्यूआर कोड दिए गए हैं, जिन्हें और अधिक जानकारी प्राप्त करने हेतु स्कैन किया जा सकता है।

भूमिका

प्रत्येक जीव अपने अस्तित्व के लिए प्रकृति पर निर्भर होता है। अत: यह न केवल आवश्यक बल्कि हमारी नैतिक जिम्मेवारी है कि हम अपने पर्यावरण को स्वच्छ एवं अच्छी स्थिति में रखें।

यह इकाई पर्यावरण के महत्वपूर्ण पहलुओं जैसे पारिस्थितिकीय तंत्र, कार्बन, नाइट्रोजन, सल्फर, फास्फोरस चक्र, ग्लोबल वार्मिंग के कारण और प्रभाव के संबंध में है। ये सभी पहलु, जीव-जगत और मनुष्यों से संबंधित हैं। अन्य सभी जीवों की तरह मनुष्य भी अपने अस्तित्व के लिए प्रकृति पर निर्भर है। प्राकृतिक संसाधन हमें पेयजल, भोजन, व दैनिक आवश्यकताओं के लिए अन्य जरूरी पदार्थ प्रदाय करते हैं। अत: अपने पर्यावरण जिसमें हम रहते हैं को अच्छी स्थिति में रखने के लिए यह जरूरी है कि हम अपने पारिस्थितिकीय तंत्र को बचा के और सुरक्षित रखें।

ग्लोबल वार्मिंग भी एक महत्वपूर्ण पर्यावरणीय चिन्ता का विषय है, क्योंकि इससे मानव जीवन और जीव जगत कई तरह से प्रभावित होते है। यह एक पर्यावरणीय एवं लोक स्वास्थ्य से संबंधित चिन्तनीय विषय है। अत: इस अध्याय के अध्ययन से डिप्लोमा विद्यार्थियों को उपरोक्त वर्णित विषयों के संबंध में समझ गहरी होगी और वे इस विषय की महत्ता को समझ सकेंगे।

पूर्व-अपेक्षित ज्ञान

- हाईस्कूल स्तर का रसायन शास्त्र

यूनिट आउटकम्स

विद्यार्थी निम्नलिखित में सक्षम होंगे:

U1-O1: पारिस्थितिकी तंत्र (Ecosystem) एवं इसके अवयवों के बारे में वर्णन कर सकेंगे।

U1-O2: खाद्य श्रृंखला (Food Chain) एवं खाद्य जाल (Food Web) के संबंध में तुलनात्मक अध्ययन कर पाएंगे।

U1-O3: जलीय और स्थलीय पारिस्थितिकी तंत्र में अंतर समझ पाएंगे।

U1-O4: कार्बन, नाइट्रोजन, फास्फोरस एवं सल्फर चक्र का वर्णन कर सकेंगे।

U1-O5: ग्लोबल वार्मिंग के प्रभाव और कारण को स्पष्ट कर सकेंगे।

U1-O6: ग्रीनहाउस प्रभाव और ओजोन क्षरण (Ozone Depletion) में अंतर कर पाएंगे।

यूनिट आउटकम्स (UOs)	कोर्स आउटकम्स (COs) के साथ अपेक्षित संबंध *(1-कमजोर सहसंबंध; 2-मध्यम सहसंबंध; 3-मजबूत सहसंबंध)*					
	CO-1	CO-2	CO-3	CO-4	CO-5	CO-6
U1-O1	3	-	-	-	-	-
U1-O2	3	-	-	-	-	-
U1-O3	3	-	-	-	-	-
U1-O4	3	-	-	-	-	-
U1-O5	3	-	-	-	-	-
U1-O6	3	-	-	-	-	-

1.1 परिचय

"पारिस्थितिकी तंत्र" शब्द को पहली बार 1935 में ए.जी. टेंसले द्वारा उपयोग किया गया था। वे पारिस्थितिकी के क्षेत्र में एक अग्रणी अंग्रेज वनस्पति विज्ञानी थे। प्रो. ए. जी. टेंसले की शिक्षा यूनिवर्सिटी कॉलेज लंदन एवं ट्रिनिटी कॉलेज, कैम्ब्रिज में हुई और ऑक्सफोर्ड सहित इन विश्वविद्यालयों में उन्होंने 1937 में अपनी सेवानिवृत्ति के पूर्व तक अध्यापन कार्य किया।

पारिस्थितिकी विज्ञान, जीव का अध्ययन, उसके वातावरण, एक दूसरे के साथ जीव का परस्पर संबंध का अध्ययन है और पर्यावरण शब्द का तात्पर्य है जीवन के चारों ओर की स्थिति और आवरण जो प्रत्यक्ष या अप्रत्यक्ष रूप से जीव के जीवन और विकास को प्रभावित करता है। पारिस्थितिकी तंत्र में जीवन एवं पर्यावरण दोनों एक दूसरे के पूरक एवं अभिन्न अंग हैं।

पारिस्थितिकी तंत्र पारिस्थितिकी की संरचनात्मक और कार्यात्मक इकाई है, जहाँ जीव का एक दूसरे के साथ और आस-पास के वातावरण के साथ परस्पर संबंध होता है। दूसरे शब्दों में, कोई पारिस्थितिकी तंत्र जीवों और पर्यावरण के बीच अटूट संबंधों की श्रृंखला है। सामान्यत: एक जीव, पर्यावरण में संतुलन की स्थिति में होता है। किसी भी क्षेत्र में प्रकृति में संतुलन बनाए रखने के लिए सभी जीव (जैसे शैवाल, कवक, पौधे, सूक्ष्मजीव, जानवर और मनुष्य) नियमित रूप से और लगातार एक दूसरे एवं अजीवित परिवेश के साथ सदैव परस्पर सहचर संबंध के साथ रहते हैं।

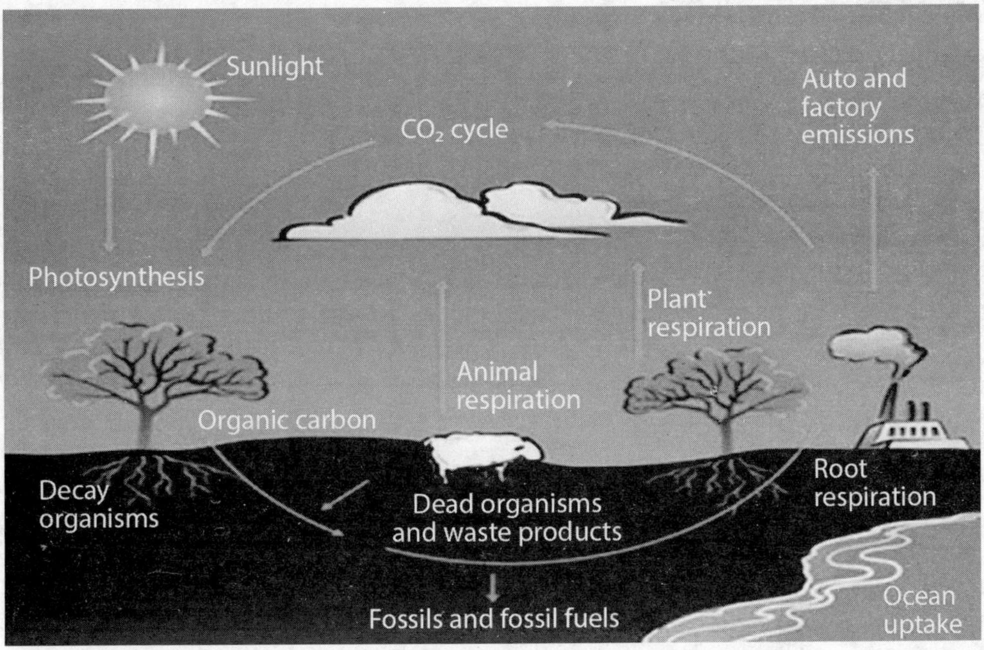

चित्र 1.1: पारिस्थितिकी तंत्र

सभी जीवों में मनुष्य ही एक मात्र ऐसा जीव है जो अपनी आवश्यकताओं जैसे भोजन, आश्रय, वस्त्र आदि को पूरा करने के लिए प्रकृति में असंतुलन पैदा करता है। विभिन्न विकास परियोजनाएँ और जनसंख्या में वृद्धि के कारण प्राकृतिक संतुलन बिगड़ गया है। अनियंत्रित मानवीय गतिविधियों ने पर्यावरणीय असंतुलन की स्थिति को जन्म दिया है तथा पर्यावरणीय समस्याएँ जैसे अपशिष्ट संचय, ओजोन परत का क्षरण होना, ग्लोबल वार्मिंग आदि परिलक्षित हो रही हैं।

चित्र 1.2: पारिस्थितिकी तंत्र

1.2 जलीय और स्थलीय पारिस्थितिकी तंत्र

पारिस्थितिकी तंत्र रेगिस्तान में एक नखलिस्तान (oasis) की तरह आकार में बहुत छोटा या समन्दर की तरह विशाल हजारों किलोमीटर तक फैला हो सकता है। पारिस्थितिकी तंत्र दो प्रकार के होते हैं:

- प्राकृतिक पारिस्थितिकी तंत्र
- कृत्रिम पारिस्थितिकी तंत्र

1.2.1 प्राकृतिक पारिस्थितिकी तंत्र

यह पारिस्थितिकी तंत्र बिना किसी मानवीय सहायता और हस्तक्षेप के स्वयं प्रकृति में विद्यमान होते हैं और संचालित होते हैं। यह प्रकृति में पाये जाने वाले प्रकृतिजन्य जैविक वातावरण है। महासागर, झील, तालाब, रेगिस्तान, जंगल आदि प्राकृतिक पारिस्थितिकी तंत्र के कुछ सरल उदाहरण हैं। प्राकृतिक पारिस्थितिकी तंत्र दो प्रकार के होते हैं।

- जलीय (Aquatic) पारिस्थितिकी तंत्र
- स्थलीय (Terrestrial) पारिस्थितिकी तंत्र

1.2.1.1 जलीय पारिस्थितिकी तंत्र

जल जीवन का आधार है। जो जीव पानी में जीवन यापन करते हैं, उन्हें जलीय जीव कहा जाता है। ये अपने भोजन, आश्रय, प्रजनन और जीवन की सभी गतिविधियों के लिए पानी पर निर्भर हैं। जलीय पारिस्थितिकी तंत्र में जलीय जीवों का एक विशाल समूह शामिल है जो परस्पर एक-दूसरे पर पोषक तत्वों और आश्रय के लिए निर्भर हैं।

जलीय पारिस्थितिकी तंत्र के उदाहरणों में महासागर, झीलें और नदियाँ शामिल हैं। इसे दो प्रकारों में बांटा जा सकता है:

- मीठे पानी (Fresh Water) का पारिस्थितिकी तंत्र
- समुद्री (Marine) पारिस्थितिकी तंत्र

मीठे पानी का पारिस्थितिकी तंत्र:

मीठे पानी के पारिस्थितिकी तंत्र में झील, तालाब, जलाशय, सरोवर, पोखर, नदियाँ और धाराएँ, आर्द्रभूमि (wetland), दलदल शामिल किए जा सकते हैं। ये पृथ्वी के केवल एक छोटे से हिस्से लगभग 0.8 प्रतिशत को कवर करते हैं। यह पारिस्थितिकी तंत्र दुनिया की 41% मछलियों की प्रजातियों का आश्रय स्थल हैं। मीठे पानी के पारिस्थितिक तंत्र को दो श्रेणी में वर्गीकृत किया गया है, लेंटिक और लोटिक पारिस्थितिकी तंत्र।

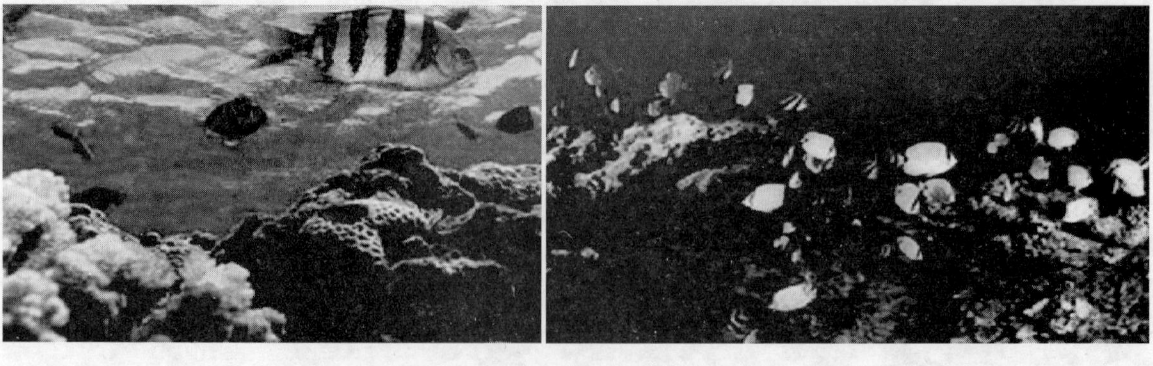

चित्र 1.3: जलीय पारिस्थितिकी तंत्र

लोटिक पारिस्थितिक तंत्र नदी, धाराओं जैसे बहते जल का प्रतिनिधित्व करते हैं। जबकि झीलों, तालाबों, जलाशयों, सरोवर, पोखर और अन्य स्थिर जल निकायों को लेंटिक पारिस्थितिकी तंत्र के रूप में जाना जाता है।

चित्र 1.4: लेंटिक (बाएं) और लोटिक पारिस्थितिकी तंत्र (दाएं)

लेंटिक पारिस्थितिकी तंत्र

लेंटिक पारिस्थितिकी तंत्र सभी स्थिर जल निकायों को प्रदर्शित करता है। झीलें और तालाब लेंटिक पारिस्थितिकी तंत्र के मुख्य उदाहरण हैं। लेंटिक शब्द (लैटिन शब्द लेंटस से, जिसका अर्थ धीमा या गतिहीन होता है) मुख्य रूप से स्थिर या अपेक्षाकृत ठहरे हुए पानी को संदर्भित करता है। ये पारिस्थितिकी तंत्र शैवाल, केकड़ा, झींगा, उभयचर जैसे मेंढक और सैलामैंडर, स्थिर और तैरने वाली प्रजातियों के पौधों और सरीसृपों सहित मगरमच्छ और अन्य जलीय सृप के आवास स्थल हैं।

लोटिक पारिस्थितिकी तंत्र

ये मुख्य रूप से तेजी से बहते जल तंत्र से संबंधित है, जो एक दिशा में बहते हैं जैसे नदियाँ और धाराएँ। लोटिक शब्द (लैटिन शब्द लोटस से, जिसका अर्थ धोने से है) का मुख्य अर्थ है बहता पानी। ये पारिस्थितिकी तंत्र बीटल, मेफ्लियों, स्टोनफ्लियों जैसी कीड़ों की कई प्रजातियों और कई ट्राउट, ईएलएस, मिनोऊ आदि मछलियों की प्रजातियां को आश्रय देते हैं। इन जलीय प्रजातियों के अलावा इस पारिस्थितिकी तंत्र में बीवर, रिवर डॉल्फिन और ओटर्स जैसे विभिन्न स्तनधारी भी सम्मिलित होते हैं।

समुद्री पारिस्थितिकी तंत्र:

समुद्री पारिस्थितिकी तंत्र को समुद्री जीव-जगत, पौधों, जीव-जन्तु के परस्पर संबंध के रूप में परिभाषित किया जा सकता है। "समुद्री पारिस्थितिकी तंत्र" शब्द पृथ्वी के नमकीन पानी से संबंधित है, और यह नमकीन पानी वाला पारिस्थितिकी तंत्र के रूप में भी जाना जाता है। इसमें समुद्र और महासागर शामिल हैं। समुद्री पारिस्थितिकी तंत्र में नमक की मात्रा अधिक होती है और ये मीठे-पानी के पारिस्थितिकी तंत्र की तुलना में ज्यादा जैव विविधता संपन्न होते हैं। ये पृथ्वी के सबसे बड़े क्षेत्रफल को कवर करते हैं। पृथ्वी का दो तिहाई हिस्सा, पानी अर्थात महासागरों, समुद्रों, अंतर्ज्वारीय (intertidal) क्षेत्र, भित्तियां (reefs), समुद्रतल, हाइड्रोथर्मल वेंट्स और रॉकपूल से ढँका है। चूंकि समुद्री पारिस्थितिकी तंत्र में लवण की मात्रा अधिक है अतः मीठेपानी के जीवों के लिए खारे पानी में रहना मुश्किल है। इसी तरह, समुद्री जीव भी मीठे पानी में जीवित नहीं रह सकते। उनके शरीर खारे पानी में रहने के लिए अनुकूलित हो जाते हैं; अगर उन्हें कम नमकीन पानी में रखा जाता है, उनके शरीर में सूजन हो सकती है।

समुद्री पारिस्थितिकी तंत्र को मुख्य रूप से निम्नलिखित दो श्रेणियों में वर्गीकृत किया जा सकता है:

- महासागर (Ocean) पारिस्थितिकी तंत्र
- तटीय (Coastal) पारिस्थितिकी तंत्र

महासागर पारिस्थितिकी तंत्र

पृथ्वी पर पांच महासागर, अर्थात प्रशांत, हिन्द, आर्कटिक, अंटार्कटिक और अटलांटिक महासागर हैं। इन सभी पांच महासागरों में प्रशांत और अटलांटिक सबसे बड़े और गहरे महासागर हैं। ये महासागर कई जलीय प्रजातियों के लिए आश्रय के रूप में काम करते हैं। शंख, शार्क, ट्यूब कीड़े, केकड़ा, छोटे और बड़े महासागर की मछलियां, कछुए, क्रस्टेशियन, नीले व्हेल, सरीसृप, समुद्री स्तनधारी, समुद्री पक्षी, प्लैंकटन, कोरल महासागर पारिस्थितिकीय तंत्र के कुछ उदाहरण हैं।

तटीय पारिस्थितिकी तंत्र

तटीय पारिस्थितिकी तंत्र में भूमि और जल दोनों शामिल हैं जो तटीय पारिस्थितिकी प्रणालियों का अटूट हिस्सा है। तटीय पारिस्थितिकी प्रणालियों की विशेष तरह की संरचना है, और विविधता है। तटीय पारिस्थितिकी तंत्र के तलपर जलीय पौधों और शैवाल की प्रजातियों की एक विस्तृत विविधता पाई जाती है। जीव भी तटीय क्षेत्र में पाए जाते हैं और इस में मुख्य रूप से केकड़े, मछली, कीड़े, झींगा मछली (lobsters), घोंघे, झींगे आदि सम्मिलित हैं।

1.2.1.2 स्थलीय पारिस्थितिकी तंत्र

स्थलीय पारिस्थितिकी तंत्र पूर्ण रूपेण भूमि आधारित पारिस्थितिकी तंत्र हैं। इसमें ऐसे जीव और उनका वातावरण सम्मिलित हैं जो पृथ्वी की सतह की भूमि के ऊपर पाये जाते हैं। स्थलीय पारिस्थितिकी तंत्र पृथ्वी के क्षेत्रफल का लगभग 28% है। स्थलीय पारिस्थितिकी तंत्र कम पानी की उपलब्धता के कारण जलीय पारिस्थितिकी तंत्र से भिन्न हैं। विभिन्न प्रकार के स्थलीय पारिस्थितिक तंत्र जो विभिन्न भूगर्भीय क्षेत्रों में पाए जाते हैं। वे इस प्रकार हैं:

- वन (Forest) पारिस्थितिकी तंत्र
- चरागाह (Grassland) पारिस्थितिकी तंत्र
- टुंड्रा (Tundra) पारिस्थितिकी तंत्र
- मरूस्थलीय (Desert) पारिस्थितिकीय तंत्र

चित्र 1.5: स्थलीय पारिस्थितिकी तंत्र

वन पारिस्थितीकी तंत्र

वन पारिस्थितिकी तंत्र में विभिन्न प्रकार के सूक्ष्म जीव, पौधे और जीव-जन्तु होते हैं और ये सभी घटक एक दूसरे के साथ परस्पर समन्वय में रहते हैं। वन पृथ्वी के तापमान को संतुलित एवं स्थिर बनाए रखने में मदद करते हैं और कार्बन सिंक के रूप में प्रमुख भूमिका निभाते हैं। वे पारिस्थितिक संतुलन को बनाए रखने में महत्वपूर्ण हैं।

चरागाह पारिस्थितिकी तंत्र

चरागाह पारिस्थितिकी तंत्र में घास और जड़ी बूटियां प्रमुख रूप से पाई जाती हैं। घास के मैदान पृथ्वी की सतह के 19% भू-भाग पर स्थित हैं और आमतौर पर महाद्वीप के आंतरिक भागों में पाए जाते हैं। शीतोष्ण घास के मैदान और सवाना घास के मैदान चरागाह पारिस्थितिकी तंत्र के कुछ मुख्य उदाहरण हैं।

टुंड्रा पारिस्थितीकी तंत्र

टुंड्रा पारिस्थितीकी तंत्र जमीन और चट्टान के बड़े हिस्सों के लिए जाना जाता है। टुंड्रा पारिस्थितिकी तंत्र में पेड़ और वनस्पति का अभाव होता है, पर मॉसेस, लाइकेन तथा छोटी झाडियां इत्यादि पाई जाती हैं। ये पारिस्थितिकी तंत्र ठंडे मौसम वाले क्षेत्रों में या कम वर्षा वाले क्षेत्रों में पाए जाते हैं। ये अधिकांश समय बर्फ से ढके रहते हैं। आर्कटिक या पर्वत की चोटी टुंड्रा पारिस्थितिकी तंत्र के उदाहरण हैं।

मरूस्थलीय पारिस्थितिकीय तंत्र

रेगिस्तान दुनिया भर में पाए जाते हैं। यह पृथ्वी की सतह का लगभग 14 प्रतिशत है। इस पारिस्थितिकी तंत्र में आसमान में आमतौर पर बादल नहीं होने से सतह का तापमान तेजी से बढ़ जाता है। इसके विपरीत विकिरण और ऊष्मा का ह्रास होने के कारण तापमान तेजी से कम हो जाता है तथा रातें ठंडी हो जाती हैं। ये बहुत कम वर्षा वाले क्षेत्र हैं और यहां बारहमासी वनस्पति बहुत कम मिलती है।

1.2.2 कृत्रिम पारिस्थितिक तंत्र

मनुष्य द्वारा बनाए और संधारित किए जाने वाले पारिस्थितिकी तंत्र को कृत्रिम पारिस्थितिकी तंत्र कहा जाता है। ये पारिस्थितिक तंत्र वाणिज्यिक या अन्य लाभों के लिए बनाये जाते हैं। ये या तो जलीय या स्थलीय प्रकार के हो सकते हैं। बगीचे, उद्यान, उपवन इत्यादि चिड़ियाघर, मछलीघर और वनस्पति उद्यान जैव विविधता संरक्षण के उद्देश्य से बनाए गए कृत्रिम पारिस्थितिकी तंत्र के उत्कृष्ट उदाहरण हैं, पौधे और जानवरों को उनके प्राकृतिक आवासों और आवश्यकताओं के अनुरूप वातावरण में रखा जाता है।

1.3 पारिस्थितिकी तंत्र की संरचना

पारिस्थितिकी तंत्र की संरचना जीवों और भौतिक विशेषताओं का वर्णन करती है। साथ ही उससे किसी विशेष आवास क्षेत्रों में पोषक तत्वों के संचयन की जानकारी भी मिलती है। इससे क्षेत्र विशेष की जलवायु की भी जानकारी मिलती है। पारिस्थितिकी तंत्र के विभिन्न घटकों को दो मुख्य प्रकारों में समझा जा सकता है:

- जैविक (Biotic) घटक
- अजैविक (Abiotic) घटक

1.3.1 जैविक (जीवित) घटक

शब्द 'बायोटिक' दो शब्दों का एक संयोजन है, 'बायो' का अर्थ है जीवन और 'इक' का अर्थ है जैसा। इसलिए जैविक शब्द का अर्थ है जीवन की तरह या जीवन जैसा और यह पारिस्थितिकी तंत्र में मौजूद सभी जीवित (living) इकाइयों से संबंधित है। या दूसरे शब्दों में, एक पारिस्थितिकी तंत्र में मौजूद जीव जगत जैविक (बायोटिक) घटक बनाते हैं। उनकी भोजन प्राप्त करने की विधा के आधार पर पारिस्थितिकी तंत्र में उपस्थित जीवों को तीन श्रेणियों में वर्गीकृत किया जाता है:

- उत्पादक (Autotrophs)
- उपभोक्ता (Heterotrophs)
- विघटक (Saprotrophs)

1.3.1.1 उत्पादक

इनमें सभी हरे पौधे, नीले हरे शैवाल, कुछ बैक्टीरिया और स्वतंत्र रूप से पानी में तैरने वाले फाइटोप्लैंकटन, ऑटोट्रोफिक सूक्ष्म जीव शामिल हैं। इन सभी जीवों में प्रकाश संश्लेषण हेतु रंग (फोटोसिंथेटिक पिगमेंट जैसे क्लोरोफिल) होते हैं और सूर्य के प्रकाश और क्लोरोफिल की उपस्थिति में प्रकाश संश्लेषण के माध्यम से ये अपनी ऊर्जा आवश्यकता हेतु भोजन बना सकते हैं। ऐसे हरे पौधों, नीले हरे शैवाल जो स्वयं सूरज की रोशनी में अपना भोजन तैयार करते हैं, उन्हें फोटो ऑटोट्रोफ (यानी ऑटो = स्वतः, ट्रोफॉस = फीडर) कहते हैं।

1.3.1.2 उपभोक्ता

इनमें मुख्य रूप से जन्तु जगत है। वे अपने लिए भोजन संश्लेषित करने में असमर्थ हैं। इसलिए ये अपने भोजन के लिए उत्पादक पर उनके द्वारा संग्रिहत सामग्री और ऊर्जा का उपयोग करने के लिए निर्भर है। इन्हें हेट्रोट्रोफ (यानी हेट्रोस = अन्य, ट्रोफॉस = फीडर) के रूप में भी जाना जाता है। उपभोक्ता चार प्रकार के होते हैं:

प्राथमिक या प्रथम श्रेणी उपभोक्ता या शाकाहारी: ये वो जन्तु हैं जिनका भोजन पौधे या उत्पादक है। मवेशी, हिरण, बकरी, खरगोश, चूहे, टिड्डी आदि आम स्थलीय शाकाहारी हैं और घोंघे, मच्छर, टैडपोल आदि आम शाकाहारी जलीय पारिस्थितिकी तंत्र के जन्तु हैं।

द्वितीयक या दूसरी श्रेणी के उपभोक्ता या प्राथमिक श्रेणी माँसाहारी: जानवर जिनका भोजन शाकाहारी जन्तु होते है उन्हें प्राथमिक मांसाहारी जीव या द्वितीयक उपभोक्ता कहा जाता है उदाहरण: बिल्ली, लोमड़ी, सांप आदि द्वितीयक उपभोक्ता स्थलीय पारिस्थितिकी तंत्र और पानी कीड़े, पानी के बीटल, मेंढक, छोटी मछली आदि द्वितीयक उपभोक्ता जलीय पारिस्थितिकी तंत्र के उदाहरण हैं।

तृतीयक या तीसरे श्रेणी के उपभोक्ता: ये वो मांसाहारी जीव हैं जिनका भोजन द्वितीयक उपभोक्ता हैं। बड़ी मछली, पानी के पक्षी जलीय पारिस्थितिकी तंत्र के और भेड़िये, सांप आदि स्थलीय पारिस्थितिकीय तंत्र के मुख्य उदाहरण हैं।

चतुर्थ उपभोक्ता या चौथी श्रेणी उपभोक्ता या सर्वभक्षी: ये वो बड़े मांसाहारी जीव हैं जिनका भोजन तृतीयक उपभोक्ता है। इनको किसी अन्य जीव द्वारा भक्षण नहीं किया जाता है। सिंह, बाघ, ईगल आदि स्थलीय पारिस्थितिकी तंत्र और शार्क, मगरमच्छ आदि जलीय पारिस्थितिकीय तंत्र के मुख्य उदाहरण हैं।

चित्र 1.6: जैविक घटक

1.3.1.3 विघटक या सैप्रोट्रोफ्स

बैक्टीरिया और कवक (fungi) इस श्रेणी में वर्गीकृत किए जाते हैं। मृत कार्बनिक सामग्री जैसे मृत उत्पादकों (पौधों) और मृत उपभोक्ताओं (जानवरों) को विघटित कर पर्यावरण में सरल कार्बनिक और अकार्बनिक पदार्थ के रूप में परिवर्तित कर देते हैं। इन सरल पदार्थों को उत्पादकों द्वारा पुन: उपयोग किया जाता है जिसके परिणामस्वरूप जैविक व अजैविक पदार्थों के बीच प्राकृतिक पोषक तत्वों की एक चक्रीय प्रक्रिया बनती है। विघटकों को सैप्रोट्रोफ्स (अर्थात, सप्रोस = सड़ा हुआ, ट्रोफॉस = भोज्य पदार्थ) के रूप में जाना जाता है।

1.3.2 अजैविक (अजीवित) घटक

पारिस्थितिकी तंत्र में उपस्थित अजीवित (non-living) कारक या भौतिक पर्यावरण अजैविक घटक बनाते हैं। अजैविक घटक का जैविक घटक की संरचना, वितरण, व्यवहार परस्पर अंतर-संबंध पर गहन प्रभाव होता है। अजैविक घटकों में शामिल हैं:

- अकार्बनिक पदार्थ
- कार्बनिक यौगिक
- जलवायु संबंधी कारक

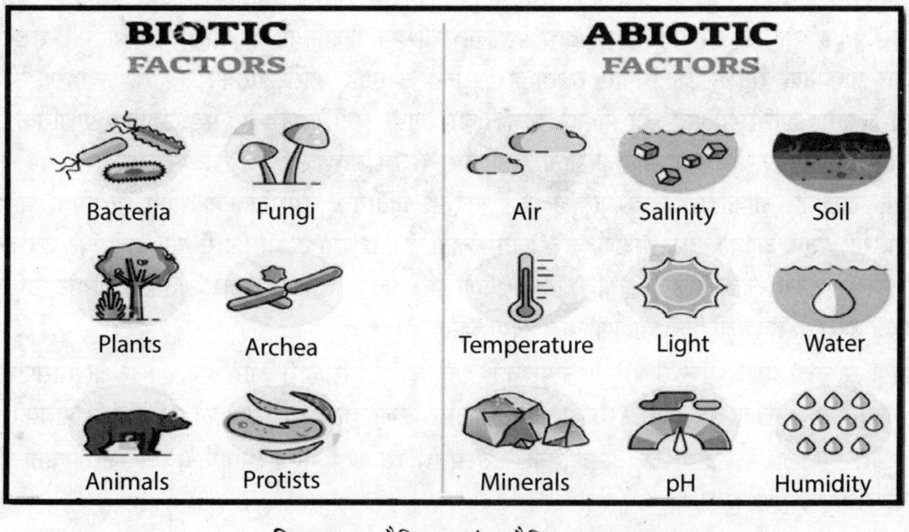

चित्र 1.7: जैविक एवं अजैविक घटक

1.3.2.1 अकार्बनिक पदार्थ

कार्बन, नाइट्रोजन, ऑक्सीजन, कैल्शियम, फास्फोरस और उनके यौगिक (पानी, कार्बन डाइऑक्साइड आदि) मुख्य अजैविक घटक हैं। ये अपने यौगिक रूप में पानी, मिट्टी या हवा में पाए जाते हैं।

1.3.2.2 कार्बनिक पदार्थ

कार्बोहाइड्रेट, प्रोटीन, लिपिड आदि कार्बनिक पदार्थों में शामिल हैं। ये जीवित जीव और मृत जैविक सामग्री में पाए जाते हैं। मृत कार्बनिक पदार्थ विघटक (जैसे बैक्टीरिया, कवक) द्वारा विघटित होने के बाद अकार्बनिक पदार्थ में परिवर्तित हो जाते हैं तथा चक्रीकरण के लिए उपलब्ध होते हैं।

1.3.2.3 जलवायु संबंधी कारक

प्रकाश, तापमान, आर्द्रता, हवा, वर्षा जलवायु कारक होते हैं और डेफिक कारक जैसे मिट्टी, सब्सट्रेट, स्थलाकृति (topography), खनिज आदि भी जलवायु कारक हैं।

1.4 खाद्य श्रृंखला और खाद्य जाल

पारिस्थितिकी तंत्र में जीवित रहने और ऊर्जा प्राप्त करने के लिए भोजन आवश्यक है। खाद्य श्रृंखला और खाद्य जाल दर्शाता है कि, कौन किसका आहार है और पारिस्थितिकी तंत्र के भीतर एक जीव से दूसरे जीव में ऊर्जा हस्तांतरण (transfer) का वर्णन करता है। खाद्य श्रृंखला और खाद्य जाल वास्तव में, विभिन्न जीवों के बीच आहार संबंध का योजनाबद्ध निरूपण हैं।

1.4.1 खाद्य श्रृंखला

हम जो भोजन ग्रहण करते हैं, उससे दैनिक गतिविधि को पूरा करने के लिए ऊर्जा प्राप्त होती है। यह सभी जीव जगत के लिए लागू है। पारिस्थितिकी तंत्र में, सभी जीव-जन्तु एक दूसरे के साथ भोजन निर्माण व ग्रहण करने की दृष्टि से परस्पर एक व्यवस्थित क्रम से जुड़े हुए होते हैं। पारिस्थितिकी तंत्र के विभिन्न घटकों में एक घटक से दूसरे घटक को ऊर्जा का परस्पर प्रवाह शामिल है। प्रकृति में खाद्य श्रृंखला विभिन्न प्रजातियों के जीव-जन्तुओं की संख्या व आकार को नियंत्रित और प्राकृतिक संतुलन को बनाए रखती है। इसकों चरागाह पारिस्थितिकी तंत्र के उदाहरण से समझने का प्रयास करते हैं। चरागाह पारिस्थितिकी तंत्र में हरे पौधे (जैसे जड़ी बूटी, झाड़ियां, पेड़ आदि) प्राथमिक उत्पादक या ऑटोट्रोफ होते हैं और उन्हें प्राथमिक उपभोक्ता यानी शाकाहारी (जैसे मवेशी, हिरण, बकरी, खरगोश, चूहे, टिड्डी आदि) द्वारा ग्रहण किया जाता है। शाकाहारी जीव-जन्तुओं को बाद में द्वितीयक उपभोक्ताओं यानी प्राथमिक मांसाहारी (जैसे बिल्लियों, लोमड़ियों, सांप आदि) द्वारा भक्षण कर लिया जाता है। प्राथमिक मांसाहारी को तृतीयक उपभोक्ताओं यानी बड़े मांसाहारी (जैसे भेड़िये, बड़ी मछली आदि) द्वारा ग्रहण कर लिया जाता है और अंततः तृतीयक उपभोक्ताओं को चतुर्थक उपभोक्ता अर्थात सर्वभक्षी द्वारा भक्षण कर लिया जाता है।

इस उदाहरण से ज्ञात होता है कि प्राथमिक उत्पादकों, शाकाहारी, मांसाहारी और अगले स्तर के मांसाहारी सभी जीव एक निश्चित अनुक्रमिक श्रृंखला में आपस में जुड़े हुए हैं और ऊर्जा के हस्तांतरण की प्रक्रिया में सबकी भूमिका है।

इसलिए, खाद्य श्रृंखला को जीवों के अनुक्रमिक अंतरसंबंध के रूप में परिभाषित किया जा सकता है। इस खाद्य श्रृंखला का मुख्य निहितार्थ खाद्य ऊर्जा का प्रवाह है।

1.4.1.1 खाद्य श्रृंखला के चरण

खाद्य श्रृंखला में विशिष्ट अनुक्रमिक चरण में जहाँ ऊर्जा का अंतरण होता है, उसे विभिन्न ट्रॉफिक स्तर के रूप में जाना जाता है। उदाहरण के लिए, हरे पौधे (उत्पादक), प्रथम ट्रॉफिक उत्पादक स्तर बनाते हैं। वनस्पति खाने वालों (शाकाहारी), प्राथमिक उपभोक्ताओं को द्वितीय ट्रॉफिक स्तर स्तर कहा जाता है। देह खाने वाले (मांसाहारी) जिन्हें द्वितीयक उपभोक्ता भी कहा जाता है तृतीयक ट्रॉफिक स्तर का प्रतिनिधित्व करते हैं। इसलिए पारिस्थितिकी तंत्र विभिन्न खाद्य श्रृंखलाओं में दो, तीन या चार या अधिकतम पांच ट्रॉफिक स्तर हो सकते हैं। एक खाद्य श्रृंखला (i) शाकाहारी (प्राथमिक उपभोक्ता) स्तर, (ii) प्राथमिक मांसाहारी (द्वितीयक उपभोक्ता) स्तर, (iii) माध्यमिक मांसाहारी (तृतीयक उपभोक्ता) स्तर या (iv) तृतीयक मांसाहारी सर्वभक्षी (चतुर्थ) स्तर पर समाप्त हो सकती है।

1.4.1.2 खाद्य श्रृंखला की विशेषताएँ

1. पारिस्थितिकी तंत्र की खाद्य श्रृंखला में जीवित जीवों (बायोटिक घटक) के बीच खाद्य ऊर्जा का हस्तांतरण शामिल है। खाद्य श्रृंखला में भक्षण किये जाने वाले भोजन की पुनरावृत्ति होती है अर्थात एक समूह अन्य समूह को और बाद में जीव के किसी अन्य समूह द्वारा भक्षण किया जाता है।
2. एक खाद्य श्रृंखला में, सूर्य के प्रकाश से लेकर प्राथमिक उत्पादक और अन्य उपभोक्ताओं तक ऊर्जा का प्रवाह एक दिशात्मक है।

चित्र 1.8: खाद्य श्रृंखला

3. आमतौर पर एक खाद्य श्रृंखला में 3 से 4 ट्रॉफिक स्तर होते हैं। कुछ परिस्थितियों में ट्रॉफिक स्तर अधिकतम 05 हो सकते हैं।
4. सर्व-भक्षी जीव विभिन्न खाद्य श्रृंखला में विभिन्न ट्रॉफिक स्तरों पर हो सकते हैं।

1.4.2 खाद्य जाल

खाद्य जाल, खाद्य श्रृंखलाओं का एक नेटवर्क है जो विभिन्न ट्रॉफिक स्तरों पर एक दूसरे से जुड़े हुए है और जीव जगत की कई भोज्य श्रंखलाओं का संगम बिन्दु है। प्रकृति में, आहार श्रंखला पृथक रूप से कार्य नहीं करती है क्योंकि प्राकृतिक वातावरण में आम तौर पर प्रत्येक जीव का दो या दो से अधिक प्रकार के जीवों द्वारा भक्षण किया जाता है। जो अंततः अन्य जीव द्वारा भोजन के रूप में ग्रहण किये जाते हैं।

अतः एक सीधी भोज्य श्रंखला के बजाए जीव जन्तु एक परस्पर भोजन का जाल सरीखा बुनते हैं। उदाहरण के लिए पौधों को कैटरपिलर, या चूहे या बकरी खा सकती है। घास की टिड्डी को मेंढ़क खा सकता है, चूहे को बिल्ली और हिरण को बाघ द्वारा खाया जा सकता है। भोजन का जाल, भोजन की उपलब्धता के वैकल्पिक मार्ग बताता है। किसी बीमारी या महामारी के कारण कोई प्रजाति विशेष समाप्त हो जाए तो उस पर निर्भर रहने वाले शाकाहारी जीव अन्य प्रजाति के उत्पादक को ग्रहण कर अपना जीवन यापन कर सकते हैं। इसी तरह यदि कोई शाकाहारी प्रजाति पारिस्थितिकीय तंत्र से लुप्त हो जाती हैं तो द्वितीयक उपभोक्ता किसी अन्य शाकाहारी प्रजाति का भक्षण कर अपना अस्तित्व बनाए रख सकते हैं। किसी पारिस्थितिकीय तंत्र में वैकल्पिक प्रजातियों की उपलब्धता उस खाद्य जाल को स्थिरता और दृढ़ता प्रदान करती है।

उपरोक्त से यह निष्कर्ष निकाला जा सकता है कि प्रथम उपलब्ध वैकल्पिक भोज्य ऊर्जा एक प्रकार का ताना-बाना बनाते हैं जिसे खाद्य जाल कहा जाता है। भोज्य श्रंखला के इस ताने बाने में कोई प्रजाति समानान्तर रूप से कई स्तरों पर सक्रिय एवं उपयोगी हो सकती है।

1.4.2.1 खाद्य जाल की विशेषताएँ

1. प्रत्येक भोज्य ताना बाना कई खाद्य श्रंखला के परस्पर संबंध से बनता है तथा खाद्य श्रंखला के समान सीधा नहीं होता।
2. खाद्य श्रंखला का ताना बाना भोजन की वैकल्पिक प्रजाति उपलब्ध कराता है।
3. वैकल्पिक प्रजातियों की उपस्थिति एवं उपलब्धता से खाद्य जाल को स्थायित्व मिलता है।
4. खाद्य जाल पारिस्थितिकीय तंत्र के विकास में सहायता करते हैं।

चित्र 1.9: खाद्य जाल

1.5 कार्बन, नाइट्रोजन, सल्फर, फास्फोरस चक्र

सूर्य के प्रकाश के रूप में ऊर्जा हमारे पारिस्थितिकी तंत्र में प्रवेश करती है, उसमें से प्रवाहित होती है और वायुमंडल में ऊष्मा के रूप में निकल जाती है। हालाँकि, छः सबसे आम तत्व; कार्बन, नाइट्रोजन, सल्फर, फॉस्फोरस, हाइड्रोजन और ऑक्सीजन, विभिन्न प्रकार के रासायनिक रूपों में परिवर्तित हो कर पुनःचक्रित हो जाते हैं। ये सभी तत्व पारिस्थितिक तंत्र में जीवित जीवों के अस्तित्व के लिए अत्यंत महत्वपूर्ण हैं। पुनर्चक्रण प्रक्रियाओं द्वारा, वे वायुमंडल में, भूमि पर, जल में या पृथ्वी की सतह के नीचे तथा जीवित जीवों के शरीर में लंबी या छोटी अवधि के लिए संग्रहीत रहते हैं।

1.5.1 कार्बन चक्र

पृथ्वी में मौजूद संपूर्ण जीव-जगत के लिए कार्बन एक आवश्यक तत्व है। जीव जगत कार्बन की सहायता से या तो भोजन का निर्माण करते हैं अथवा श्वसन के दौरान कार्बन का उत्सर्जन होता है। कार्बन का लेना एवं छोड़ना सभी पादप जगत एवं जीव-जन्तुओं के जीवित होने का लक्षण है। आधुनिक समय में जीवाश्म ईंधन के रूप में कार्बन आर्थिक दृष्टि से भी महत्वपूर्ण है।

कार्बन एक स्थान से दूसरे स्थान या एक रूप से दूसरे रूप में विभिन्न प्रक्रियाओं के माध्यम से परिवर्तित होता रहता है। चाहे वनस्पितियों द्वारा प्रकाश संश्लेषण हो या जीवाश्म ईंधन का दहन हो या सामान्य श्वसन प्रक्रिया। कार्बन का यह परिवर्तन ही कार्बन चक्र कहलाता है।

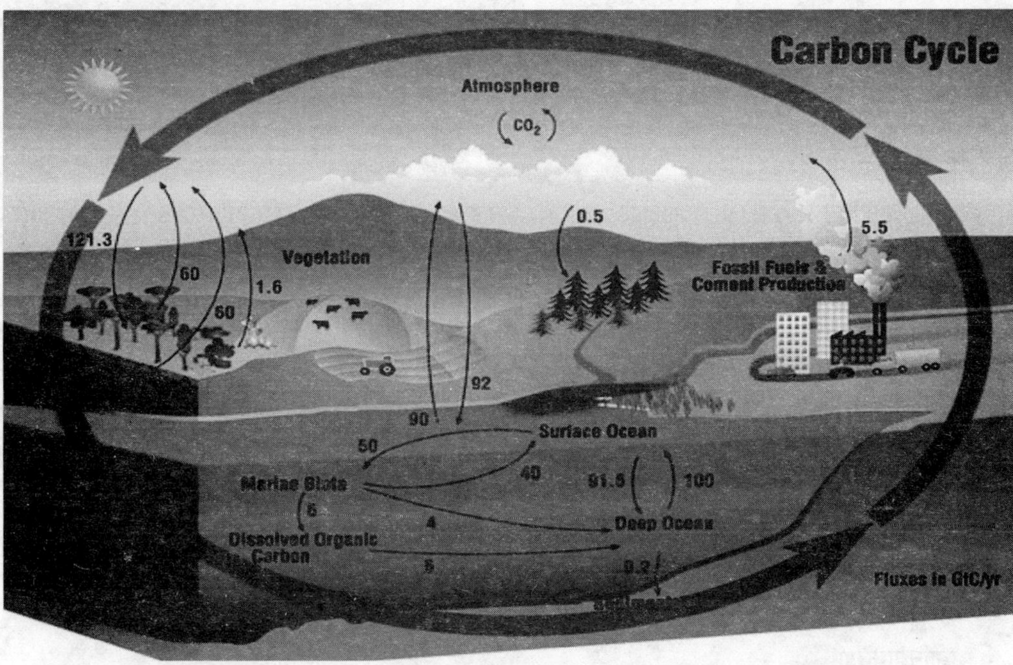

चित्र 1.10: कार्बन चक्र

कार्बन चक्र प्रक्रिया में शामिल प्रमुख चरण निम्नलिखित हैं:

- वातावरण में मौजूद कार्बन का पौधों द्वारा पत्तियों और तने के निर्माण के लिए उपयोग किया जाता है।
- पौधे जानवरों द्वारा भोजन के रूप में ग्रहण किए जाते हैं तथा पाचन क्रिया के पश्चात कार्बन उनके शरीर में जमा हो जाता है।

- ये जीव और पौधे अंतत: मर जाते हैं, और विघटित होने पर, कार्बन पुन: वायुमंडल में कार्बन डाइऑक्साइड जैसे गैसों के रूप में संग्रहित होता है।
- कुछ कार्बन जो अंतत: वापस वातावरण में उत्सर्जित नहीं होता है वो भूमि में जीवाश्म ईंधन के रूप में परिवर्तित हो जाते हैं।
- ये जीवाश्म ईंधन अंतत: मानवीय गतिविधियों के लिए उपयोग किया जाता है, तथा इस कारण अधिक और कार्बन डाइऑक्साइड के रूप में वातावरण में कार्बन उत्सर्जित हो जाता है।

पृथ्वी पर जीवन के लिए कार्बन महत्वपूर्ण है। प्रकृति कार्बन के स्तर को संतुलित रखती है, जिसका अर्थ है जितनी कार्बन की मात्रा उत्सर्जित होती है स्वाभाविक रूप से उसके बराबर मात्रा अवशोषित होती है। कार्बन संतुलन को बनाए रखने का उद्देश्य पृथ्वी को जीवन के लिए रहने लायक बनाना है। वैज्ञानिकों का मानना है कि मनुष्य ने जीवाश्म ईंधन के दहन से वातावारण में ग्रीनहाउस गैस, कार्बन डाइऑक्साइड का उत्सर्जन बढ़ गया है जिसके कारण ग्लोबल वार्मिंग और जलवायु परिवर्तन जैसी समस्याएँ हमारे सामने परिलक्षित हो रही हैं।

1.5.2 नाइट्रोजन चक्र

नाइट्रोजन का वैज्ञानिक व संक्षिप्त नाम छ हैं। यह एक रंगहीन, गंधहीन तत्व है। नाइट्रोजन हमारे चारों ओर उपस्थित है। ये मिट्टी में है, पेयजल में और हवा जिसमें हम सांस लेते हैं उसमें मौजूद है। नाइट्रोजन गैस मनुष्य सहित सभी जीवों के लिए महत्वपूर्ण है। नाइट्रोजन गैस पौधों के विकास में महत्वपूर्ण भूमिका निभाती है। जीवन के निर्माण अवयवों DNA, RNA और प्रोटीन का, नाइट्रोजन एक महत्वपूर्ण घटक है। सभी जीवों के अस्तित्व और वृद्धि के लिए नाइट्रोजन की आवश्यकता होती है।

नाइट्रोजन के रूप:

(a) जैविकरूप: अमोनियम (NH_4), नाइट्राइट (NO_2), नाइट्रेट (NO_3), नाइट्रस ऑक्साइड (N_2O) और नाइट्रिक ऑक्साइड (NO)

(b) अकार्बनिक रूप: नाइट्रोजन गैस (N_2)

नाइट्रोजन चक्र में जीवित और अजीवित दोनों में नाइट्रोजन का संचलन है। नाइट्रोजन चक्र वायुमंडल, मिट्टी, पानी, पौधों, जानवरों और बैक्टीरिया के माध्यम से परिचालित होता है। एक रूप से दूसरे रूप में परिवर्तन नाइट्रोजन के परिचालन हेतु आवश्यक है। वातावरण में, नाइट्रोजन गैस N_2 के रूप में मौजूद है, लेकिन मिट्टी में नाइट्रोजन ऑक्साइड (NO) और नाइट्रोजन डाइऑक्साइड (NO_2) के रूप में मौजूद है। उर्वरक में नाइट्रोजन अमोनिया (NH_3) और अमोनियम नाइट्रेट (NH_4NO_3) के रूप में उपयोग की जाती है।

नाइट्रोजन चक्र में पांच स्टेज (चरण) शामिल हैं:

- नाइट्रोजन स्थिरीकरण
- नाइट्रोजन घुलना
- अमोनियाकरण
- नाइट्रीकरण
- विनाइट्रीकरण

स्टेज 1: नाइट्रोजन स्थिरीकरण

नाइट्रोजन पृथ्वी के वायुमंडल में सबसे प्रचुर मात्रा में पाया जाने वाला तत्व है और वायुमंडल में नाइट्रोजन लगभग 78% है। पौधे और अन्य जीव गैसीय रूप में नाइट्रोजन का उपयोग करने में सक्षम नहीं हैं। जीव-जन्तुओं के लिए नाइट्रोजन

गैस का उपयोग करने के लिए यह जरूरी है कि यह अलग-अलग रूप में उपलब्ध होनी चाहिए। रासायनिक नाइट्रोजन का जैविक रूप से उपलब्ध होने की प्रक्रिया को नाइट्रोजन स्थिरीकरण (fixation) कहा जाता है।

आकाशीय बिजली से प्राप्त ऊर्जा के माध्यम से नाइट्रोजन गैस (N_2) एक छोटी सी मात्रा को नाइट्रोजन ऑक्साइड तथा नाइट्रोजन डाइ ऑक्साइड में स्थिर किया जा सकता है। इस प्रकार से प्राप्त नाइट्रोजन बारिश, के माध्यम से बर्फ, पानी और मिट्टी में घुल जाती है।

नाइट्रोजन को उर्वरक बनाने वाली औद्योगिक प्रक्रिया के माध्यम से भी स्थिर किया जा सकता है। औद्योगिक रूप से नाइट्रोजन का स्थिरीकरण का यह रूप उच्च गर्मी और दबाव के तहत होता है, जिसके दौरान वायुमंडलीय नाइट्रोजन और हाइड्रोजन, अमोनिया (NH_3) बनाने के लिए परस्पर प्रतिक्रिया करते हैं, इससे अमोनियम नाइट्रेट (NH_4NO_3) जो नाइट्रोजन का एक रूप है प्राप्त होता है जिसे मिट्टी में मिलाकर पौधों द्वारा इस्तेमाल किया जा सकता है। अधिकांश नाइट्रोजन स्थिरीकरण प्राकृतिक रूप से मिट्टी में बैक्टीरिया द्वारा होता है।

स्टेज 2: अमोनियाकरण

पौधे, मृत-जीव और उनके मल-मूत्र के विघटन की प्रक्रिया से अमोनिया उत्सर्जित होता है। अमोनियाकरण की प्रक्रिया में सूक्ष्मजीव एक्टिनोमायसीटिज और बैसिली शामिल होते है।

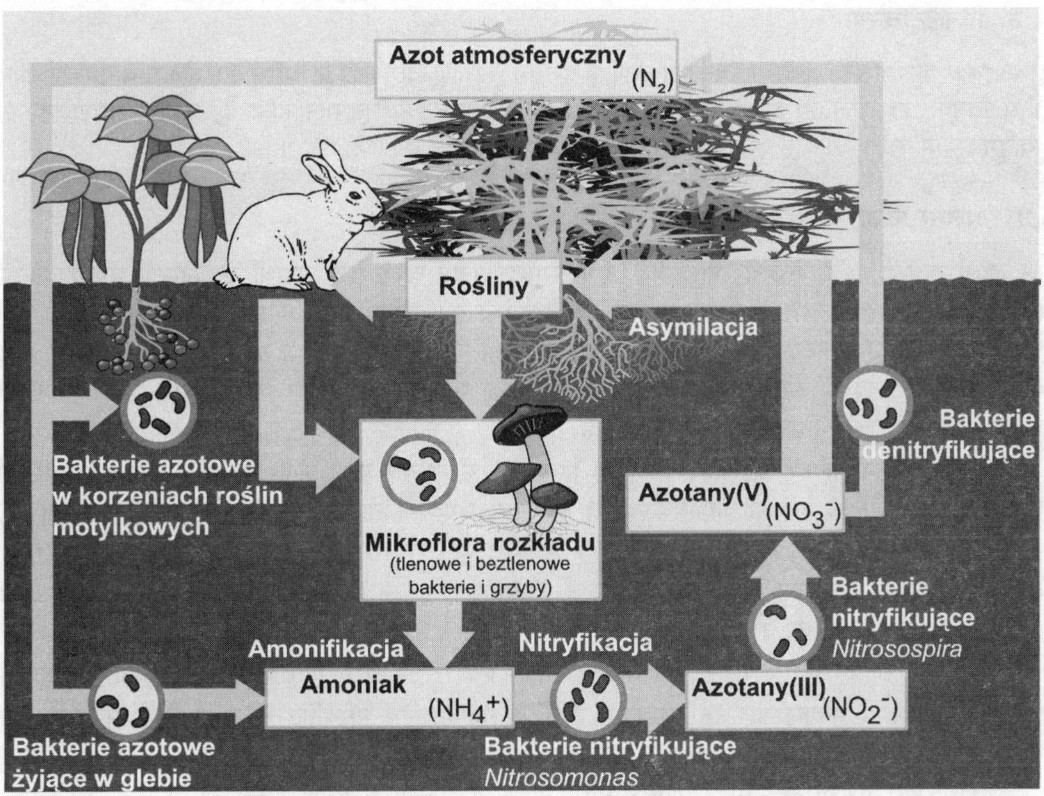

चित्र 1.11: नाइट्रोजन चक्र

स्टेज 3: नाइट्रीकरण

नाइट्रीकरण प्रक्रिया में अमोनिया, नाइट्राइट्स (NO_2–) और नाइट्रेट्स (NO_3–) नामक यौगिकों में परिवर्तित होती है। इन नाइट्रेटस का उपयोग पौधों द्वारा किया जाता है एवं प्राणियों द्वारा जो पौधों का उपभोग करते हैं। यद्यपि नाइट्राइट का पौधों और जीवों द्वारा सीधे रूप में उपयोग नहीं किया जाता अपितु बैक्टीरिया की कुछ प्रजातियां नाइट्राइट्स को नाइट्रेट में परिवर्तित करके पौधों और जीवों के उपयोग योग्य बनाते हैं।

नाइट्रीकरण प्रक्रिया के लिए ऑक्सीजन आवश्यक होती है। जहाँ पर ऑक्सीजन की प्रचुरता होती है जैसे बहता हुआ पानी, मिट्टी की ऊपरी सतह एवं तलछटी जगहों में यह प्रक्रिया पूर्ण होती है। नाइट्रीकरण पौधों के पोषण हेतु एक महत्वपूर्ण प्रक्रिया है जिसकी सहायता से नाइट्रोजन की अनुपलब्ध मात्रा उपलब्ध होकर पौधों की वृद्धि एवं पोषण में सहायक होती है।

स्टेज 4: नाइट्रोजन का घुलना

नाइट्रोजन स्थिरीकरण के अंतर्गत एक निश्चित प्रकार के जीवाणु की प्रजातियां जो पौधों की जड़ों में पाई जाती है द्वारा वायुमंडलीय अजैविक नाइट्रोजन को नाइट्रेट, नाइट्राइट्स एवं अमोनिया के रूप में स्थिर कर पौधों को प्रदाय की जाती है। नाइट्रेट्स, अमोनिया में परिवर्तित होती है जो जैविक अम्लों के साथ अमीनो एसिड बनाती है। यही अमीनो एसिड पौधों में संश्लेषित होकर एन्जाइम, क्लोरोफिल एवं प्रोटीन निर्माण में सहायक होता है।

स्टेज 5: विनाइट्रीकरण

नाइट्रोजन चक्र की पांचवी अवस्था विनाइट्रीकरण है जिसमें जीवाणु द्वारा नाइट्रेट परिवर्तित होकर वायुमंडलीय नाइट्रोजन (N_2) में विमुक्त हो जाती है। इस प्रक्रिया द्वारा मिट्टी से नाइट्रोजन का नुकसान होता है, क्योंकि नाइट्रोजन का गैसीय रूप वायुमंडल में चला जाता है, जहाँ से हमने अपनी कहानी शुरू की थी।

1.5.3 सल्फर चक्र

सल्फर डेयरी उत्पादों, अंडे, मछली, मांस जैसे उच्च समृद्ध प्रोटीन वाले खाद्य पदार्थों के निर्माण में सहायक होता है। सल्फर बालों, नाखूनों और त्वचा में पाई जाने वाली कोशिकाओं को मजबूत करने में सहायता करता है। पौधों में एन्जाईम और प्रोटीन निर्माण हेतु सल्फर की महत्वपूर्ण भूमिका है। पौधों के लिए सल्फर के प्राथमिक स्रोत, उर्वरक, पीड़कनाशी (Pesticides) और खाद हैं। सल्फर चक्र समुद्र, भूमि एवं हवा में उपस्थित सल्फर के रूपांतरण एवं निर्माण को बताता है। सल्फर चक्र का वर्णन निम्नानुसार बिन्दुओं में है:

- वायुमंडल में सल्फर डाइऑक्साइड (SO_2) के रूप में सल्फर पाया जाता है जो तीन तरह से परिवर्तित होता है– (1) जैविक अणुओं का विघटन (2) ज्वालामुखी एवं भू-तापीय (Geo-thermal) निकासियों (3) मानव द्वारा जीवाश्म ईंधन के दहन से।
- भूमि पर सल्फर का जमाव मुख्यतः वर्षा, वायुमंडल से सीधे भूमि पर गिरना, चट्टानों के अपक्षय और भू-तापीय निकासियों से होता है।
- समुद्र में सल्फर का प्रवेश भू-जल के बहाव द्वारा एवं भू-तापीय निकासियों के दौरान वर्षा जल द्वारा होता है।
- वायुमंडल में सल्फर वायु के संपर्क में आने से सल्फेट्स में परिवर्तित हो जाता है ये सल्फेट्स पौधों और सूक्ष्म जीवों के द्वारा जैविक रूप में उपयोग किया जाता है।
- पौधों और पशुओं के द्वारा उपयोग कर सल्फर खाद्य श्रंखला में प्रवेश करता है।
- जब पशु की मृत्यु होती है उसके पश्चात सूक्ष्म जीवों द्वारा मृत शरीर के अपघटन से कुछ सल्फर वायुमंडल में विमुक्त होती है, शेष सल्फर सूक्ष्म जीवों (microbes) के ऊतकों (tissues) में प्रवेश करता है।

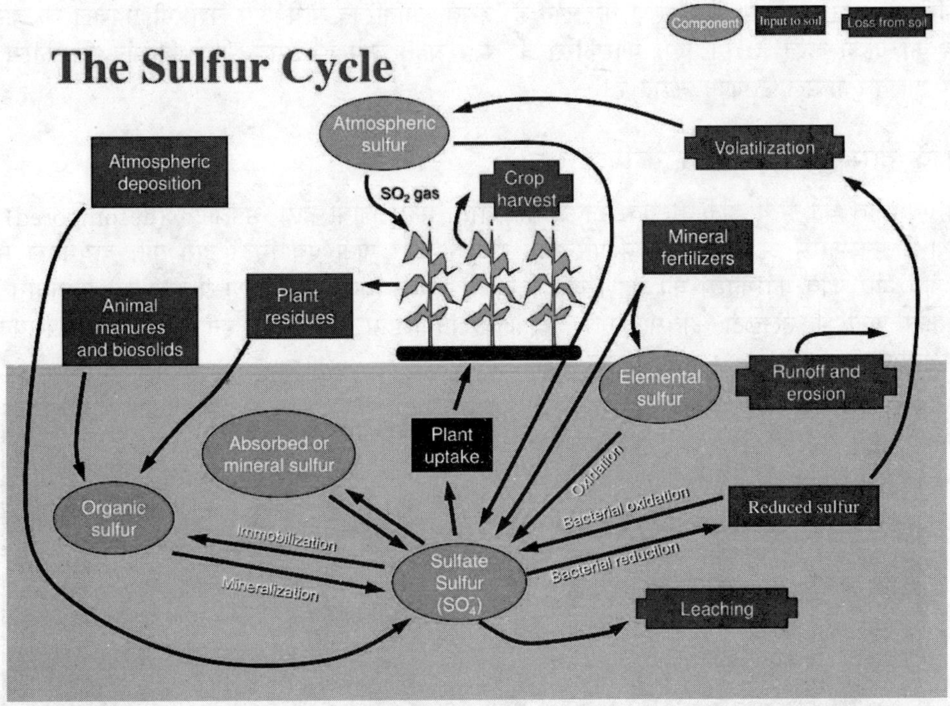

चित्र 1.12: सल्फर चक्र

1.5.4 फास्फोरस चक्र

फास्फोरस समस्त पौधों और जीवों के लिए आवश्यक पोषक तत्व है। यह कोशिकाओं के विकास में महत्वपूर्ण भूमिका निभाता है एवं अणुओं का एक प्रमुख घटक है जो ऊर्जा का संग्रहण करता है, जैसे ATP, DNA और लिपिड (वसा और तेल)। मिट्टी में फास्फोरस के कम स्तर एवं उपलब्धता से फसल का उत्पादन कम होता है।

फास्फोरस एवं इसके यौगिक भूमि एवं वायुमंडल में पाए जाते हैं जो अप्रत्यक्ष रूप से विभिन्न क्रियाओं में अपनी भूमिका निभाते हैं। फास्फोरस चक्र एक अत्यंत धीमी प्रक्रिया है जिसके निम्नलिखित तीन मुख्य चरण होते हैं:

- अपक्षयन
- पौधों और जीवों द्वारा अवशोषण
- अपघटन के द्वारा पुनः वातावरण में मिल जाना

अपक्षयन

फास्फोरस का मुख्य स्रोत चट्टान हैं, फास्फोरस चक्र के पहले चरण में अपक्षयन (weathering) द्वारा चट्टानों से फॉस्फेट लवण के रूप में फॉस्फोरस का निष्कर्षण होता है। यह लवण पानी के साथ बहकर विभिन्न रासायनिक क्रियाओं द्वारा भूमि की ऊपरी सतह पर आकर मिट्टी में मिल जाता है।

पौधों और जीवों द्वारा अवशोषण

पौधे, कवक एवं विभिन्न प्रकार के सूक्ष्म जीव जल में घुले फास्फोरस लवण को अवशोषित (absorb) कर पोषण प्राप्त करते हैं एवं अपनी वृद्धि करते हैं। फास्फोरस जलीय स्रोतों जैसे नदी एवं तालाबों में घुलकर दूसरे घुलनशील उपलब्ध

रूप में परिवर्तित होता है जिसे पौधे ग्रहण कर लेते हैं। इसके अतिरिक्त पौधे और पशु भी पेयजल के द्वारा घुलनशील फास्फोरस को ग्रहण करते हैं। मिट्टी में फास्फोरस का स्तर बहुत कम है। इसके लिए किसान फास्फोरस उर्वरकों को फसलों में डालकर फसल उत्पादन बढ़ाते हैं।

अपघटन के द्वारा पुनः वातावरण में मिल जाना

जब पौधे एवं जीव की मृत्यु होती है तब उनका मृत शरीर सूक्ष्म जीवों द्वारा अपघटित (decomposed) हो जाता है इस प्रक्रिया में फास्फोरस अजैविक रूप में परिवर्तित होता है और पानी एवं मिट्टी द्वारा पुनः वायुमंडल में विमुक्त हो जाता है। पौधे और जीव फास्फोरस को ग्रहण कर सकते हैं एवं उपरोक्त अवशोषण प्रक्रिया की पुनरावृत्ति भी हो जाती है। मिट्टी और पानी भी तलछटी, अवसाद एवं चट्टानों के निर्माण में सहायक है इन चट्टानों के अपक्षयन के पश्चात फास्फोरस विमुक्त होता है। यह प्रक्रिया निरंतर चलते रहती है।

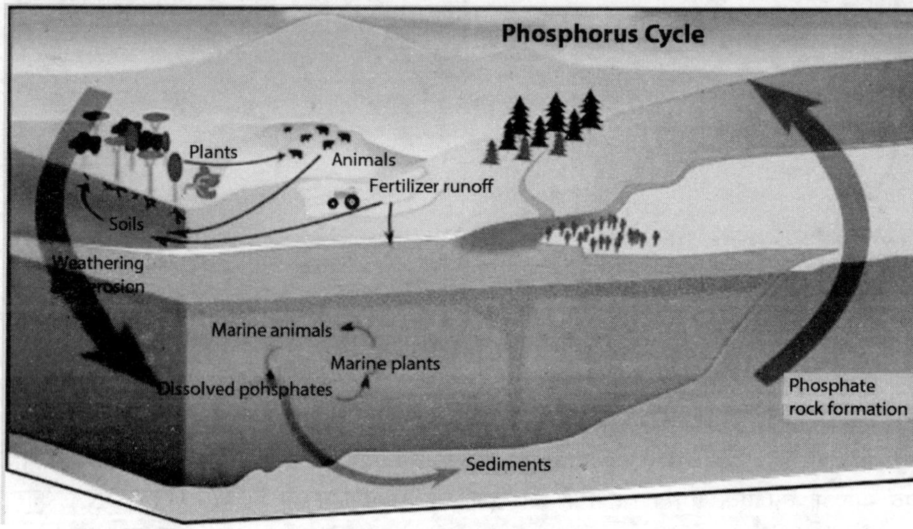

चित्र 1.13: फास्फोरस चक्र

1.6 ग्लोबल वॉर्मिंग

हमारी पृथ्वी के चारों ओर वायुमंडल है। वायुमंडल बादलों, धूलकण, गैसों (कार्बन डाइऑक्साइड, मीथेन, नाइट्रस ऑक्साइड, इत्यादि) एवं पानी के वाष्प कण से मिलकर बना है। ये तत्व वायुमंडल में उपस्थित है जो सूर्य से पृथ्वी पर आने वाली विकिरणों (radiations) को रोकने का कार्य करते हैं। लगभग 48% सूर्य विकिरण ही पृथ्वी तक पहुंचती है और इसका 1% भाग ही पौधे अवशोषित करते हैं। शेष सौर विकिरण वायुमंडल में अवरक्त (infrared) विकिरणों के रूप में परावर्तित हो जाती है। परावर्तित अवरक्त विकिरण का कुछ भाग वायुमंडल से गुजर जाता है कुछ भाग वायुमंडल की गैसों द्वारा रोककर अवशोषित कर लिया जाता है। अवशोषण प्रकिया के बाद गैसों की ऊष्मीय ऊर्जा में प्रसार होने से वायुमंडल में गर्मी बढ़ने की प्रक्रिया चलने लगती है। यह ग्रीनहाउस प्रभाव के रूप में जानी जाती है। ये अवरक्त विकिरण और ग्रीनहाउस गैस पृथ्वी के चारों ओर के वायुमंडल को गर्म तथा पृथ्वी की सतह का औसत वार्षिक तापमान 15°C रखते है। ऐसा माना जाता है कि वायुमंडल में यदि ये गैसें न हों तो पृथ्वी पर औसत तापमान –20°C होता, लगभग चन्द्रमा की सतह के बराबर।

वायुमंडल में उपस्थित जल वाष्प, कार्बन डाइऑक्साइड (CO_2), मीथेन (CH_4), क्लोरोंफ्लोरो कार्बन (CFCs) एवं नाइट्रस ऑक्साइड गैसें (N_2O) वायुमंडल को गर्म करती है। इन गैसों को ग्रीनहाउस गैसें कहते हैं तथा वायुमंडल के गर्म होने की यह प्रक्रिया ग्रीनहाउस प्रभाव कहलाती है।

ग्लोबल वॉर्मिंग शब्द का तात्पर्य पृथ्वी के आसपास वायुमंडल के गर्म होने एवं इससे पृथ्वी की जलवायु प्रभावित होने की प्रक्रिया से है। मानव द्वारा विभिन्न गतिविधियों से ग्रीन हाउस गैसों की सांद्रता (concentration) में वृद्धि होना ग्लोबल वॉर्मिंग का कारण है। वायुमंडल में ग्रीन हाउस गैसों की सांद्रता में वृद्धि अथवा कमी सौर विकिरणों के अवशोषण को प्रभावित करती है जिससे वायुमंडल के तापमान में वृद्धि अथवा कमी देखी जा सकती है। वर्ष 1880 से 1980 लगभग 100 वर्षों के मध्य वैश्विक वार्षिक तापमान में 1°C की वृद्धि हुई है। पिछले 40 वर्षों में वैश्विक वार्षिक तापमान प्रति दशक 0.18°C की दर से बढ़ा हुआ देखा गया है।

अब जलवायु परिवर्तन के क्षेत्र में कार्य करने वाले विशेषज्ञ यह बता रहे हैं कि हमें भीषणकारी परिणामों जैसे सूखा, जंगल की आग, बाढ़, चक्रवाती तूफान एवं इस प्रकार की अन्य बड़ी प्राकृतिक आपदाओं से बचने के लिए वर्ष 2040 तक पृथ्वी की सतह का तापमान 1.5°C से ज्यादा बढ़ने नहीं देना है। मानव द्वारा विकास के विभिन्न कार्यों जैसे जीवाश्म ईंधन के दहन, कल कारखाने, वाहन एवं कृषि से जुड़े कार्यों से अत्यधिक मात्रा में कार्बन डाइऑक्साइड का उत्सर्जन हो रहा है। मीथेन का उत्सर्जन धान के खेत से, पशु शरीर से एवं बायोगैस संयंत्रों से होता है। इसी प्रकार क्लोरोफ्लोरो कार्बन का उत्सर्जन फ्रीज एवं वातानुकूलन उपकरण से होता है। नाइट्रस ऑक्साइड का उत्सर्जन जैविक एवं रासायनिक उर्वरकों तथा औद्योगिक गतिविधियों से होता है। इस प्रकार वायुमंडल में ग्रीनहाउस गैसों की मात्रा में वृद्धि होने से वैश्विक तापमान में वृद्धि हो रही है।

1.6.1 ओजोन क्षरण

ओजोन एक त्रिपरमाणु अणु हैं जो तीन ऑक्सीजन के परमाणुओं से मिलकर बनता है। वायुमंडल की निचली सतह पर बहुत कम मात्रा में ओजोन पाई जाती है। वायुमंडल की ऊपरी परत समतापमंडल (stratosphere) में पर्याप्त मात्रा में ओजोन पाई जाती है, जो भूमध्य रेखा से 18 से 50 किमी ऊपर है। वायुमंडल में ओजोन भूमध्य रेखा से 23 से 25 किमी ऊपर सबसे अधिक मात्रा में पाई जाती है। यह परत ओजोन मंडल के नाम से भी जानी जाती है। ओजोन मंडल सूर्य से आने वाली पराबैंगनी (ultraviolet) विकिरणों को पृथ्वी पर आने से रोकती है जो पृथ्वी के समस्त जीव-जगत के जीवन अस्तित्व के लिए ढाल का कार्य भी करती है।

ओजोन परत का विरल होना ओजोन क्षरण कहलाता है। वायु प्रदूषण एवं क्लोरोफ्लोरो कार्बन, ओजोन क्षरण का मुख्य कारण है। इसके अतिरिक्त मीथेन एवं नाइट्रस ऑक्साइड भी ओजोन क्षरण के लिए जिम्मेदार है। क्लोरोफ्लोरो कार्बन एक संश्लेषित हानिकारक रसायन है जिसका प्रयोग आग बुझाने या अग्निशमन यंत्रों, वातानुकूलन उपकरण एवं ऐरोसॉल में किया जाता है। क्लोरोफ्लोरो कार्बन में पाई जाने वाली क्लोरीन पराबैंगनी विकिरणों के उपस्थिति में क्लोरीन श्रंखला बनाकर अनेक नुकसानदायक सक्रिय क्लोरीन रेडिकल्स बनाती है जो भारी मात्रा में ओजोन का क्षरण करती है। इस कारण से ओजोन मंडल में ओजोन परत क्षरित होकर पतली होती जा रही है। यह जानकर आश्चर्य होगा कि एक सक्रिय क्लोरीन, श्रंखला बनाकर एक लाख ओजोन अणु को ऑक्सीजन में तोड़कर नष्ट कर देती है। वायुमंडलीय ओजोन के मापन के लिए डोब्सन स्पेक्ट्रोमीटर (Dobson Spectrometer) का प्रयोग किया जाता है एवं इसे डॉब्सन यूनिट (DU) में व्यक्त किया जाता है।

1.6.1.1 ओजोन क्षरणकारी तत्व

क्लोरोफ्लोरो कार्बन एवं अन्य संश्लेषित गैसों द्वारा ओजोन का क्षरण होता है ये सभी ओजोन क्षरणकारी तत्व (ODS) कहलाते हैं। मुख्य ओजोन क्षरणकारी तत्व क्लोरोफ्लोरो कार्बन, मीथेन, टेट्राक्लोराइड, क्लोरीन एवं नाइट्रस ऑक्साइड है इनमें से क्लोरोफ्लोरो कार्बन प्रमुख ओजोन क्षरण कारी तत्व है।

1.6.1.2 ओजोन क्षरण का प्रभाव

ओजोन परत के विरल होने से पृथ्वी पर पराबैंगनी विकिरण आने की संभावना बढ़ती है इसके कारण पशु, पौधों एवं मनुष्यों पर त्वचा का कैंसर, आंखों की दृष्टिहीनता, प्रतिरक्षा तंत्र, गर्भाशिय में समस्या तथा ग्लोबल वार्मिंग जैसी पर्यावरणीय समस्याएँ होती हैं।

यूनिट सारांश

1. प्रकृति में संतुलन बनाए रखने के लिए सभी जीव का एक दूसरे के साथ और अजीवितों के साथ परस्पर संबंध होता है। ये सभी जीव, अजीवित और समीपवर्ती भौतिक परिवेश परस्पर मिलकर एक पारिस्थितिकी तंत्र बनाते हैं।
2. किसी भी पारिस्थितिकी तंत्र को दो मुख्य प्रकारों में बांटा जा सकता है: (i) जैविक (जीवित) घटक (ii) अजैविक (अजीवित) घटक
3. जैविक घटक में (i) प्राथमिक उत्पादक (ii) उपभोक्ता और (iii) विघटक शामिल हैं। अजैविक घटक में (i) अकार्बनिक पदार्थ (ii) कार्बनिक यौगिक और (iii) जलवायु कारक शामिल हैं।
4. सभी हरे पौधे, नीले हरे शैवाल, कुछ बैक्टीरिया और फाइटोप्लैंकटन नामक फ्री-फ्लोटिंग ऑटोट्रोफिक सूक्ष्य जीव उत्पादकों की श्रेणी में आते हैं। उपभोक्ता में मुख्य रूप से पशु जगत शामिल होते हैं। बैक्टीरिया और क्षय के कवक विघटक कहलाते हैं।
5. एक पारिस्थितिकी तंत्र में, सभी जीव भोजन निर्माण की प्रक्रिया और भोजन करने की आदतों के तरीकों के आधार पर एक व्यवस्थित रूप से श्रृंखला में जुडे होते हैं।
6. खाद्य श्रृंखलाएं हमेशा लकीर की तरह सीधी होती हैं और सूर्य के प्रकाश से प्राप्त ऊर्जा का प्रवाह प्राथमिक उत्पादक से लेकर उपभोक्ता तक एक दिशात्मक होता है।
7. खाद्य जाल, खाद्य श्रृंखलाओं का एक नेटवर्क है जो विभिन्न ट्रॉफिक स्तरों पर परस्पर एक दूसरे से जीवों के बीच कई खाद्य श्रृंखला से जुड़े हुए हैं।
8. पृथ्वी पर सभी जीवन रूपों के लिए कार्बन एक आवश्यक तत्व है।
9. विभिन्न जैविक और अजैविक प्रक्रिया के माध्यम से कार्बन एक रूप और स्थान से दूसरे रूप और स्थान में निरंतर प्रतिस्थापित होता है– प्रकाश संश्लेषण, जीवाश्म ईंधन का दहन और सांस छोड़ना इन प्रक्रियाओं के माध्यम से कार्बन का प्रतिस्थापन कार्बन चक्र के रूप में जाना जाता है।
10. नाइट्रोजन या N (वैज्ञानिक नाम), एक रंगहीन, गंधहीन तत्व है। नाइट्रोजन हमारे चारों ओर व्याप्त है।
11. नाइट्रोजन मिट्टी में है, पेजजल में और हवा जिसमें हम सांस लेते हैं उसमें उपस्थित है। नाइट्रोजन मनुष्यों सहित सभी जीवों के लिए महत्वपूर्ण है।
12. नाइट्रोजन चक्र में जीवित और अजीवित दोनों के माध्यम से नाइट्रोजन का संचलन शामिल है।
13. नाइट्रोजन चक्र में निम्न लिखित पांच चरण हैं नाइट्रोजन स्थिरीकरण, नाइट्रोजन का घुलना, अमोनियाकरण, नाइट्रीकरण, विनाइट्रीकरण।
14. सल्फर, डेयरी उत्पादों, अंडे, मछली जैसे अति समृद्ध प्रोटीन वाले खाद्य पदार्थों से, मांस और समुद्री भोजन में पाया जाता है।
15. सल्फर चक्र, महासागर, भूमि और वायुमंडल के माध्यम से सल्फर संचलन का वर्णन करता है।
16. फास्फोरस जानवरों और पौधों जैसे सभी जीवों के लिए एक आवश्यक पोषक तत्व है।
17. फास्फोरस चक्र एक बहुत धीमी प्रक्रिया है जिसमें तीन प्रमुख चरण शामिल हैं अपक्षयन, पौधे और पशुओं द्वारा अवशोषण, अपघटन के माध्यम से पुन: परिवेश में मिल जाना।

18. वायुमंडल में उपस्थित गैसें जो पृथ्वी की सतह को गर्म बनाए रखती हैं, उनमे प्रमुख हैं कार्बन डाइऑक्साइड (CO_2), मीथेन (CH_4), क्लोरोफ्लोरोकार्बन्स (CFCs) और नाइट्रस ऑक्साइड (N_2O)। इन गैसों को ग्रीनहाउस गैस भी कहा जाता है।
19. ग्लोबल वार्मिंग शब्द पृथ्वी की सतह के औसत तापमान में वृद्धि और उसके प्रभावों लिए प्रयोग किया जाता है।
20. पिछले 40 वर्षों में, हमने वैश्विक वार्षिक तापमान में 0.18°C प्रति दशक की वृद्धि देखी है।
21. समतापमंडल में ओजोन के समृद्ध क्षेत्र को ओजोन परत या ओजोनमंडल कहा जाता है। ओजोन परत पृथ्वी पर जीवन के लिए एक ढाल के रूप में कार्य करती है।
22. ओजोन परत के विरल होने को आमतौर पर ओजोन का क्षरण कहा जाता है।
23. वायु प्रदूषक और क्लोरोफ्लोरो कार्बन (CFC) समतापमंडल में ओजोन परत के विरलीकरण के लिए जिम्मेदार है।
24. ओजोन परत के विरल होने से पराबैंगनी (UV) विकिरण सरलता से पृथ्वी के वायुमंडल में प्रवेश कर जाते हैं तथा पृथ्वी की सतह से टकराते हैं। UV विकिरण के पृथ्वी की सतह पर आने से मनुष्य, जीवों और पौधों पर हानिकारक प्रभाव होता है।

रोचक तथ्य

1. **उष्ण कटिबंधीय वर्षावन** भूमध्य रेखा के पास पाए जाते हैं जहाँ मौसम उष्ण और गीला रहता है। इस तरह की जलवायु परिस्थितियां सघन वृक्षों और वनस्पतियों के लिए महत्वपूर्ण तत्व हैं। दुनिया के लगभग आधे पौधे और पशु-पक्षी उष्णकटिबंधीय वर्षावनों में रहते हैं। यह कई प्रकार के पौधों, जीवों, कवक और सूक्ष्म जीवों के साथ एक बहुत सघन, समृद्ध पारिस्थितिकी तंत्र है।

2. **अधिकांश रेगिस्तान में** बहुत कम वर्षा होती है। अधिकांश समय भूमि शुष्क स्थिति में बनी रहती है। रेगिस्तान में जीवितों में पानी खोजने एवं संग्रहण करने की रोचक ढंग है। कैक्टस प्रजाति पानी के संग्रहण में बहुत अच्छे हैं। वे महीनों तक बिना वर्षा के रह सकते हैं। नेवादा रेगिस्तान में रहने वाले कंगारू, माउस शायद ही कभी पानी पीते हैं, वे जो भोजन करते हैं उसी से पानी की पूर्ति हो जाती है।
3. **पूरी दुनिया में मीठे पानी** के पारिस्थितिकी तंत्र हैं। जो आश्चर्य करने वाले जीवों के आश्रय स्थल हैं। यहां कई प्रकार के मेंढक, मछली, कीड़े और सूक्ष्म जीव जैसे अमीबा पाए जाते हैं। एशिया और दक्षिण अमेरिका में नदी डॉल्फिन, उत्तरी अमेरिका, और और यूरोप में बीवर, और ऑस्ट्रेलिया में प्लेटिपस जैसी दुर्लभ प्रजातियां पाई जाती हैं।
4. **उत्तरी गोलार्द्ध में आर्कटिक** में टुंड्रा पाए जाते हैं। टुंड्रा एक विशाल और वृक्षहीन भूमि है। यह पृथ्वी के 20% क्षेत्रफल में है। यहां की भूमि पर अक्सर स्थाई रूप से बर्फ जमी रहती है इसलिए यहां पेड़-पौधे विकसित नहीं हो पाते। आर्कटिक टुंड्रा में ध्रुवीय भालू, लोमड़ी और रेनडियर पाये जाते हैं।
5. **महासागर के तल पर,** पानी के नीचे छोटे ज्वालामुखी हैं जिसमें गर्म पानी, गैसों, और मीथेन और अमोनिया जैसे रसायनों का उत्सर्जन हो रहा है। उन्हें हाइड्रोथर्मल वेंट्स कहा जाता है। जीवों के रहने के लिए यह एक कठिन आश्रय है, लेकिन 6 फीट (1.8 मीटर) से अधिक विशाल ट्यूब कीड़े जैसे कुछ जीव यहां रहते हैं। ट्यूब के कीड़े में उनके अंदर बैक्टीरिया होते हैं जो वेंट्स से मीथेन और अमोनिया से खाना बनाते हैं।

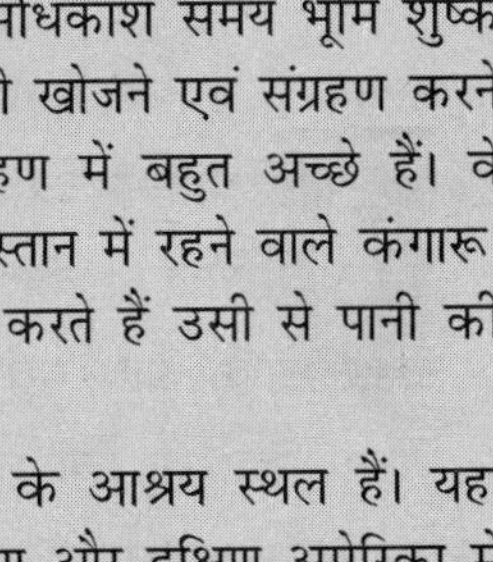

अभिनव गतिविधियाँ

1. **संगोष्ठी (सेमिनार):** एक विषय को, 8 से 10 विद्यार्थियों के मध्य प्रस्तुति के लिए उप विषयों में विभाजित किया जा सकता है।
2. **परिसंवाद (सिम्पोजियम):** अपनी पसंद के विषय पर विद्यार्थियों द्वारा शोध पत्रों का प्रस्तुतिकरण।
3. **समूह परिचर्चा (ग्रुप डिस्कशन):** समूह परिचर्चा (ग्रुप डिस्कशन): परिचर्चा दस विद्यार्थियों के एक समूह में, जिसमे से एक समूह लीडर, एक मॉडरेटर और एक रिकॉर्डर। समूह के लीडर, सभी विद्यार्थियों की भागीदारी सुनिश्चित करने के लिए जिम्मेदार होंगे, मॉडरेटर सुनिश्चित करेंगे कि परस्पर बातचीत (क्रॉस वार्ता) न हो और रिकॉर्डर अपने स्वयं के सहित टिप्पणियों, परिचर्चा को रिकॉर्ड करे।
4. **प्रोजेक्ट वर्क:** 3 से 4 विद्यार्थियों के समूह को उपयुक्त विषय पर प्रोजेक्ट कार्य सौंपा जा सकता है। प्रोजेक्ट कार्य प्रयोगात्मक या शोध प्रकृति का हो सकता है।

अभ्यास

(A) विषयनिष्ठ प्रश्न

1. पारिस्थितिक तंत्र शब्द से परिचय किसने और कब कराया?
2. पारिस्थितिकी तंत्र की संरचना के फ्लोचार्ट की व्याख्या करें।
3. उत्पादकों, उपभोक्ताओं और विघटकों को परिभाषित करें।
4. (a) पारिस्थितिकी तंत्र में उपस्थित किन्ही दों विघटकों का उदाहरण दें।
   (b) पारिस्थितिकी तंत्र में विघटकों की उपस्थिति कैसे महत्वपूर्ण है?
5. उदाहरणों के साथ सर्वभक्षी को परिभाषित करें।
6. निम्नलिखित के लिए कारण बताइए:
   (a) खाद्य श्रृंखला में 4 या अधिकतम 5 श्रृंखलाएं होती हैं।
   (b) समतापमंडल में, ओजोन शील्ड में ओजोन की स्थिर सांद्रता होती है।
7. ओजोन परत और इसके महत्व को समझाएँ, और यह किस तरह से प्रभावित हो रही है?
8. मनुष्य की गतिविधियाँ किस तरह वायुमंडल में कार्बन डाइऑक्साइड की मात्रा बढ़ा रही हैं?
9. कार्बन चक्र और इसके महत्व को समझाएँ।
10. नाइट्रोजन चक्र के घटक का वर्णन करें।

(B) बहुविकल्पीय प्रश्न

1. निम्नलिखित में से कौन सा पर्यावरण से संबंधित नहीं है?

   (a) हाइड्रोस्फीयर (b) लिथोस्फीयर
   (c) बायोस्फीयर (d) सैटेलाइट स्फीयर

2. अम्ल वर्षा (Acid Rain) के मुख्य कारण कौन से हैं?
   (a) ग्लोबल वार्मिंग (b) ग्लोबल वार्मिंग में कमी
   (c) सी.एफ.सी. गैसें (d) मानव पुनर्वास (Rehabilitation)
3. खाद्य श्रृंखला में सम्मिलित होते हैं।
   (a) मांसाहारी (b) उत्पादक
   (c) शाकाहारी (d) उपरोक्त सभी
4. कौन सी गैस ओजोन विरलीकरण के लिए जिम्मेदार है?
   (a) कार्बन डाइऑक्साइड (b) ऑक्सीजन
   (c) सल्फर (d) नाइट्रोजन
5. वायु विभिन्न गैसों का मिश्रण है। इसमें से एक गैस वायु का 21% भाग है और मनुष्य के अस्तित्व के लिए यह आवश्यक है।
   (a) नाइट्रोजन (b) ओजोन
   (c) ऑक्सीजन (d) आर्गन
6. कौनसा कारक (factor) कार्बन चक्र को योगदान देता है?
   (a) जीवाश्म ईंधन दहन (b) श्वसन
   (c) प्रकाश संश्लेषण (d) नाइट्रिफिकेशन
7. कार्बन चक्र में पौधों के लिए कार्बन का स्रोत है?
   (a) जीवाश्म ईंधन (b) कार्बोनेट चट्टानें
   (c) वायुमंडलीय कार्बन डाइऑक्साइड (d) वायुमंडलीय सल्फर
8. नाइट्रिफिकेशन निम्नलिखित चक्र में से किस का एक हिस्सा है?
   (a) ऑक्सीजन (इ) नाइट्रोजन
   (c) फॉसफोरस (d) सल्फर
9. ओजोन परत के क्षरण का मुख्य कारण कौन सा है?
   (a) शहरीकरण (b) औद्योगीकरण
   (c) सीएफसी का अत्यधिक उपयोग (d) ग्लोबल वार्मिंग
10. फास्फोरस चक्र में, सबसे पहले फास्फोरस, फास्फेट चट्टानों के अपक्षय से किसको उपलब्ध होता है?
   (a) उपभोक्ता (b) उत्पादक
   (c) विघटित (d) इनमें से कोई नहीं

बहुविकल्पीय प्रश्नों के उत्तर

1 (d)	2 (c)	3 (d)	4 (a)	5 (c)	6 (a)	7 (c)	8 (b)	9 (c)	10 (a)

अध्ययन हेतु सुझाए गए संसाधन

(A) संदर्भ पुस्तकें:

- Suresh K. Dhameja, Environmental Studies, S.K. Kataria & Sons, 2012.
- Surinder Deswal, Energy, Environment Ecology and Society, Dhanpat Rai & Sons, 2014.
- P.K. Pandey, Environment and Ecology, Sun India Publication, 2009.
- P.S. Ramakrishnan, Energy and Sustainable Development, National Book Trust, 2014.
- M.K. Goyal, Our Environment (Hindi text book), Agrawal Publication, Agra, 2013.
- C.N.R. Rao, Understanding Chemistry, University press (India) Pvt. Ltd., 2011.
- G.Chopra , Science Biology, Pradeep Publications, New Delhi – 2016

(B) ओपन सोर्स सॉफ्टवेयर एवं वेबसाइट:

- www.nptel.ac.in
- https://swayam.gov.in
- www.cpcp.gov.in
- www. indiaenvironmentportal.org.in

फोटोग्राफ: सौजन्य "क्रिएटिव कॉमन"

(C) विडियो संसाधन

पारिस्थितिकी तंत्र

जैव भू-रासायनिक चक्र

ग्लोबल वार्मिंग

2 वायु एवं ध्वनि प्रदूषण

यूनिट विशिष्ट

यह यूनिट निम्नलिखित मुख्य पहलुओं से संबंधित है:

- प्रदूषण और प्रदूषक की परिभाषा, वायु प्रदूषण के प्राकृतिक और मानव निर्मित स्रोत
- वायु प्रदूषक: प्रकार, कणिकीय प्रदूषक, प्रभाव और नियंत्रण
- गैसीय प्रदूषण नियंत्रण: अवशोषक, उत्प्रेरक परिवर्तक, रेफ्रिजरेंट, आई. सी. बॉयलर के कारण वायु प्रदूषण के प्रभाव
- ध्वनि प्रदूषण: प्रदूषण के स्रोत, प्रदूषण के स्तर की माप, ध्वनि प्रदूषण के प्रभाव, ध्वनि प्रदूषण (विनियमन और नियंत्रण) नियम, 2000

पुस्तक में अधिक जिज्ञासा और सृजनात्मकता पैदा करने के लिए सभी विषयों को प्रासंगिक तस्वीरों के साथ प्रस्तुत किया गया है। अभ्यास के लिए बहुविकल्पीय और विषयनिष्ठ प्रश्न दिए गए हैं। विषय को और अधिक समझने, अवधारणाओं और शंकाओं (यदि कोई हो) के स्पष्टीकरण के लिए संसाधन जैसे संदर्भ पुस्तकें, ओपन रिसोर्स सॉफ्टवेयर और वेबसाइट, वीडियो संसाधन आदि भी इकाई में दिए गए हैं। रुचि के विभिन्न विषयों से सम्बंधित ज्ञान के लिए क्यूआर कोड दिए गए हैं, जिन्हें और अधिक जानकारी प्राप्त करने हेतु स्कैन किया जा सकता है।

भूमिका

वायु प्रदूषण और अत्यधिक शोर हमारे स्वास्थ्य के साथ पर्यावरण को भी नुकसान पहुँचाते हैं। वायु प्रदूषण के कारण मुख्य रूप से हृदय और श्वसन संबंधी बीमारी हो सकती हैं, कई विकसित और विकासशील देशों में वायु प्रदूषण अकाल मृत्यु का प्रमुख पर्यावरणीय कारण है। वायु प्रदूषण का पानी और मिट्टी की गुणवत्ता पर भी नकारात्मक प्रभाव पड़ता है। यह पारिस्थितिक तंत्र को यूट्रोफिकेशन (अतिरिक्त नाइट्रोजन प्रदूषण) और अम्लीय वर्षा से नुकसान पहुँचाता है। इसलिए, कृषि, वन, भवन आदि भी वायु प्रदूषण के कारण प्रभावित हैं। वायु प्रदूषण के कई स्रोत हैं जैसे उद्योग, परिवहन, ऊर्जा उत्पादन, कृषि आदि। शहरी क्षेत्रों में पर्यावरणीय शोर का स्तर बढ़ रहा है, जिसका मुख्य कारण यातायात में वृद्धि, औद्योगिक और मनोरंजक गतिविधियों में बढ़ोतरी है। इनके कारण तनाव का बढ़ना, अनिद्रा, स्वास्थ्य और जीवन की गुणवत्ता पर प्रतिकूल प्रभाव पड़ सकता है। वन्य जीवों पर भी शोर का प्रतिकूल असर होता है।

इस इकाई का उद्देश्य वायु एवं ध्वनि प्रदूषण की मूल अवधारणाओं से परिचय के साथ, स्वास्थ्य और पर्यावरण पर इसके कारण होने वाले प्रभावों से अवगत कराना है। इकाई में वायु प्रदूषकों के प्रकार, इनके प्रभाव और नियंत्रण, ध्वनि प्रदूषण के स्रोत, इसका मापन और प्रभाव शामिल हैं। इनके अध्ययन के बाद, विद्यार्थियों में वायु एवं ध्वनि प्रदूषण की मूल अवधारणाओं की बेहतर समझ विकसित होगी। विद्यार्थी, प्रदूषण नियंत्रण क्रियाविधि को भी जानेंगे, जो उन्हें वायु एवं ध्वनि प्रदूषण को कम करके हमारे स्वास्थ्य और पर्यावरण की रक्षा करने का अवसर देगी।

पूर्व-अपेक्षित ज्ञान

- हाईस्कूल स्तर का रसायन शास्त्र

यूनिट आउटकम्स

विद्यार्थी निम्नलिखित में सक्षम होंगे:

U2-O1: पर्यावरण प्रदूषण और उसके स्रोत की व्याख्या करने में।

U2-O2: विभिन्न प्रकार के वायु प्रदूषकों, इनके प्रभाव और नियंत्रण तंत्र की व्याख्या करने में।

U2-O3: विभिन्न प्रकार के गैसीय प्रदूषण नियंत्रण क्रियाविधि का वर्णन करने में।

U2-O4: ध्वनि प्रदूषण के स्रोत एवं उसके प्रभाव की पहचान करने में।

U2-O5: ध्वनि प्रदूषण नियम, 2000 की व्याख्या करने में।

यूनिट आउटकम्स (UOs)	कोर्स आउटकम्स (COs) के साथ अपेक्षित संबंध *(1-कमजोर सहसंबंध; 2-मध्यम सहसंबंध; 3-मजबूत सहसंबंध)*					
	CO-1	**CO-2**	**CO-3**	**CO-4**	**CO-5**	**CO-6**
U2-O1	-	3	-	-	-	-
U2-O2	-	3	2	-	-	-
U2-O3	-	-	3	-	-	-
U2-O4	-	3	-	-	-	-
U2-O5	-	1	3	-	-	-

2.1 परिचय

"हमारे परिवेश में अभी भी अत्यधिक मात्रा में वायु और जल प्रदूषण है और हमें इसे कम करने के लिए अभी भी कार्य करने की आवश्यकता है। लेकिन हमें प्रदूषण की समस्या को ऐतिहासिक और वैज्ञानिक परिप्रेक्ष्य में भी रखना होगा।"

–रोनाल्ड रीगन, संयुक्त राज्य अमेरिका के पूर्व राष्ट्रपति

वायु में 78% नाइट्रोजन, 21% ऑक्सीजन और 0.9% आर्गन है एवं शेष कार्बन डाइऑक्साइड, हाइड्रोजन, जल वाष्प और अन्य ट्रेस तत्व सम्मिलित हैं। वायुमंडल, तत्वों और कणों का एक नाजुक संतुलन है। जब वायु की संरचना में परिवर्तन होता है तब वायु प्रदूषण होता है। वायु प्रदूषण के मुख्य स्रोत परिवहन, कारखानों से होने वाला उत्सर्जन, बायोमास उपभोग, कृषि उत्पादन इत्यादि हैं। वायु प्रदूषण ईंधन जलाने वाले स्रोतों से वायुमंडल में उत्सर्जित निलंबित कणिकीय पदार्थ (suspended particulate matter), कार्बन डाइऑक्साइड, नाइट्रोजन ऑक्साइड की अत्यधिक सांद्रता (concentration) के कारण होता है। वायु प्रदूषण एवं ध्वनि प्रदूषण मानव स्वास्थ्य के लिए महत्वपूर्ण जोखिम कारक है, जिससे एलर्जी, श्वसन और हृदय संबंधी बीमारियों के साथ-साथ फेफड़ों को भी नुकसान पहुँचता है। साथ ही यह ग्लोबल वार्मिंग और जलवायु परिवर्तन में भी मुख्य रूप से भागीदार है।

2.2 प्रदूषण और प्रदूषक की परिभाषा

प्रदूषण शब्द लैटिन शब्द "पोल्युरे" से आया है जिसका अर्थ है संदूषण या मलिनता। इसलिए सामान्य शब्दों में, प्रदूषण वह है जो पर्यावरण को दूषित करता है। हवा, पानी और मिट्टी में हानिकारक पदार्थों की उपस्थिति के रूप में इसे

परिभाषित किया जा सकता है, जिसका जीवित प्राणियों और पर्यावरण पर प्रतिकूल प्रभाव पड़ सकता हैं। प्रदूषण के कारण हवा, पानी और मिट्टी की भौतिक, रासायनिक या जैविक विशेषताओं में अवांछनीय परिवर्तन होते हैं जो किसी भी जीवित जीव के लिए हानिकारक हो सकते हैं।

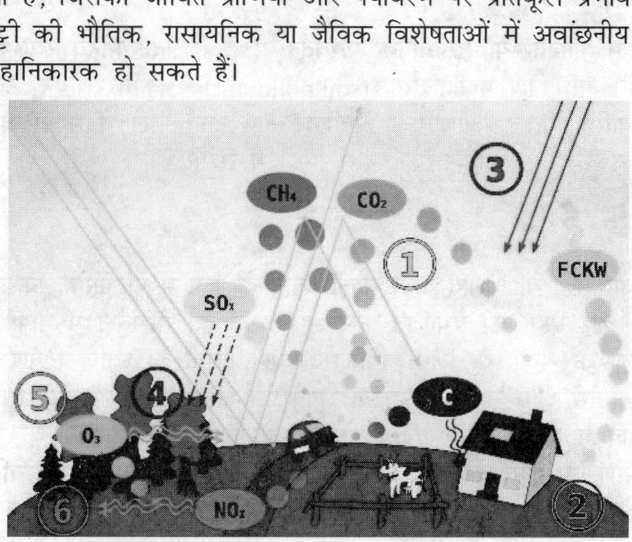

चित्र 2.1: प्रदूषण के प्रकार

प्रदूषण के प्रकार: प्रदूषण मुख्य रूप से पांच प्रकार के होते हैं:

- वायु प्रदूषण
- जल प्रदूषण
- भूमि प्रदूषण
- ध्वनि प्रदूषण
- रेडियोधर्मी प्रदूषण

वायु प्रदूषण:

वायु प्रदूषण को एक या अधिक अवांछनीय दूषित पदार्थों की उपस्थिति के रूप में परिभाषित किया जा सकता है जैसे धूल, धूम्र, गैस, धुंध, गंध, धुआँ या वाष्प, जो विशेष रूप से मानव स्वास्थ्य और संपूर्ण ग्रह के लिए हानिकारक हैं। वायु प्रदूषण कई स्थितियों में पौधों में प्रकाश संश्लेषण की प्रक्रिया को रोकता है इस कारण जो हवा हम सांस के रूप में लेते है उसकी शुद्धता पर गंभीर प्रभाव होते हैं। ग्लोबल वार्मिंग और जलवायु परिवर्तन में इसकी मुख्य भूमिका है। वायु प्रदूषण वास्तव में मानव स्वास्थ्य के लिए महत्वपूर्ण जोखिम कारक है, जिससे एलर्जी, श्वसन और हृदय संबंधी बीमारियां होती हैं।

जल प्रदूषण:

जल प्रदूषण को जलधारा, नदी, झील, महासागर या किसी अन्य जल निकाय में संदूषण के रूप में परिभाषित किया जा सकता है जो पानी की गुणवत्ता को कम करता है और इसे पर्यावरण और मानव के लिए विषाक्त बनाता है। जल प्रदूषण के मुख्य कारणों में सीवेज और अपशिष्ट जल, शहरीकरण और वनों की कटाई, कृषि, उद्योग, समुद्री डंपिंग और रेडियोधर्मी कचरा आदि सम्मिलित हैं। जल प्रदूषण जैव विविधता और पारिस्थितिकी तंत्र को नुकसान पहुँचाता है। इसका मानव स्वास्थ्य पर अत्यधिक नकारात्मक प्रभाव पड़ता है। दूषित पानी पीने या दूषित पानी के संपर्क में आने से कई बीमारियां जैसे डायरिया, हैजा, टाइफाइड, पेचिश और त्वचा संक्रमण होता हैं।

भूमि प्रदूषण:

भूमि प्रदूषण से तात्पर्य मृदा में भौतिक या रासायनिक परिवर्तन से है जिसका मानव स्वास्थ्य, पशुओं और पौधों पर प्रतिकूल प्रभाव पड़ सकता है। अधिकांश मृदा प्रदूषक (soil pollutant) - कृषि रसायन, उर्वरक और पीड़कनाशी हैं। म्युनिसिपल अपशिष्ट, अनुपचारित सीवेज, औद्योगिक अपशिष्ट आदि को खुले में फेका जाता है वह भी मिट्टी को प्रदूषित करते हैं विषेशकर जब कचरे से हानिकारक पदार्थ मिट्टी में रिसते हैं।

ध्वनि प्रदूषण:

ध्वनि प्रदूषण को किसी भी अवांछित या अशांत करने वाली ध्वनि के रूप में परिभाषित किया जा सकता है जो मनुष्यों और अन्य जीवों के स्वास्थ्य और सेहत को प्रभावित करती है। ध्वनि को डेसिबल में मापा जाता है। 85 डेसिबल या इससे अधिक की ध्वनि मनुष्य के श्रवण के लिए हानिकारक मानी जाती है। ध्वनि प्रदूषण का प्रभाव प्रतिदिन लाखों लोगों पर होता है। मनुष्य में सबसे आम स्वास्थ्य समस्या सुनने की क्षमता में कमी होना है। तीव्र ध्वनि के कारण से उच्च रक्तचाप, हृदय रोग, नींद में अवरोध और तनाव भी हो सकता है। ध्वनि प्रदूषण के मुख्य स्रोतों में जमीनी एवं हवाई यातायात का शोर, निर्माण का शोर, देर रात चलने वाली पार्टीज, जीव जंतु इत्यादि सम्मिलित हैं।

रेडियोधर्मी प्रदूषण:

रेडियोधर्मी प्रदूषण को मुख्य रूप से मानवीय गतिविधियों द्वारा पर्यावरण में होने वाले प्राकृतिक विकिरण के स्तर में वृद्धि के रूप में परिभाषित किया गया है। रेडियोधर्मी प्रदूषण के स्रोतों में पर्यावरण में विकिरण उत्पन्न करने वाली प्रक्रिया शामिल होती है। रेडियोधर्मी प्रदूषण अनुसंधान और चिकित्सा प्रक्रिया एवं अपशिष्ट, परमाणु ऊर्जा संयंत्र, टीवी, कंप्यूटर, रेडियो तरंगें, सेल फोन आदि के कारण होता हैं। हालाँकि, परमाणु विस्फोट और परमाणु विस्फोटक हथियार, रक्षात्मक हथियार उत्पादन, परमाणु अपशिष्ट प्रबंधन और निपटान, खनन और परमाणु दुर्घटनाएं सामान्यतः स्वास्थ्य को मध्यम से गंभीर खतरा पैदा कर सकते हैं।

चित्र 2.2: प्रदूषक

प्रदूषक

प्रदूषक वे हानिकारक पदार्थ हैं जो हवा, पानी और मिट्टी की भौतिक, रासायनिक या जैविक विशेषताओं में अवांछनीय और हानिकारक परिवर्तन करते हैं। उद्योगों और ऑटोमोबाइल से निकलने वाला धुआँ, घरेलू और व्यावसायिक सीवेज, परमाणु संयंत्रों से रेडियोधर्मी पदार्थ और घरेलू कबाड़ (टिन, बोतलें, टूटी हुई क्रॉकरी इत्यादि), प्रदूषक की श्रेणी में आते है।

प्रदूषकों के प्रकार: प्रदूषकों को निम्नलिखित श्रेणियों में वर्गीकृत किया जा सकता है:

- **जल प्रदूषक:** जल प्रदूषक का बड़ा स्रोत उद्योगों, कृषि क्षेत्रों और यहाँ तक कि शहरी क्षेत्रों से निकलने वाला दूषित जल है इसके अलावा, अनुपचारित सीवेज एक प्रमुख जल प्रदूषक है।
- **मृदा प्रदूषक:** मृदा प्रदूषक के मुख्य स्रोत में नगरों एवं उद्योगों से निकलने वाला अपशिष्ट, तथा पीड़कनाशी और शाकनाशी (Herbicides) का अधिक मात्रा में उपयोग शामिल है।
- **वायु प्रदूषक:** वायु प्रदूषक का मुख्य स्रोत जीवाश्म ईंधन का दहन (combustion) है और यह कारखाने और ऑटोमोबाइल से निकलने वाले उत्सर्जन के कारण होता है। वायु प्रदूषण के कारण होने वाली अम्ल वर्षा का जंगलो और जंगलवासियों पर प्रतिकूल प्रभाव पड़ता है।
- **ध्वनि प्रदूषक:** प्रमुख ध्वनि प्रदूषक हैं– ऑटोमोबाइल के हॉर्न, लाउडस्पीकर, पटाखे, बिजली के उपकरण, यातायात का शोर इत्यादि।
- **रेडियोधर्मी प्रदूषक:** रेडियोधर्मी प्रदूषक हैं– परमाणु ऊर्जा संयंत्र में दुर्घटनाओं से निकलने वाला विकिरण, परमाणु हथियारों के उपयोग, खनन, रेडियोधर्मी रसायनों के अधिप्लाव (spillage), ब्रह्मांडीय और अन्य प्राकृतिक स्रोत जैसे गामा किरणें, कैंसर इत्यादि रोगों के उपचार में उपयोग किया जाने वाला विकिरण आदि।

2.2.1 वायु प्रदूषण के प्राकृतिक और मानव निर्मित स्रोत

वायु प्रदूषण विभिन्न प्राकृतिक या मानव निर्मित प्रक्रियाओं के कारण हो सकता है

चित्र 2.3: वायु प्रदूषण के स्रोत

प्राकृतिक स्रोत:

यह निरंतर घटने वाली एवं अस्थायी प्राकृतिक घटनाओं के कारण होता है और इसे रोका नहीं जा सकता है। वायु प्रदूषण के प्राकृतिक स्रोतों का वर्णन निम्नलिखित है:

- **ज्वालामुखी गतिविधियाँ:** ज्वालामुखी विस्फोट से सल्फर और क्लोरीन सहित कई जहरीली गैसें निकलती रहती हैं साथ ही राख के रूप में कणिकीय प्रदार्थ (particulate matter) भी उत्सर्जित होते हैं। ज्वालामुखी विस्फोट स्थानीय क्षेत्र तक ही सीमित होते हैं।

चित्र 2.4: वायु प्रदूषण के प्राकृतिक स्रोत

- **हवा और वायु प्रवाह:** यह मिट्टी और अन्य प्रदूषकों को उड़ा कर बड़े क्षेत्रफल में फैलाता है।
- **जंगल की आग:** यह वायुमंडल में कार्बन मोनोऑक्साइड (CO) और कणिकीय प्रदार्थ का उत्सर्जन करती है। यह विशाल क्षेत्र को प्रभावित कर सकती है, हालाँकि जंगल की आग को फैलने से रोका जा सकता है, एवं छोटे क्षेत्र में ही सीमित किया जा सकता है।
- **माइक्रोबियल क्षय प्रक्रिया:** जीव जंतु की प्राकृतिक क्षय प्रक्रियाओं में पर्यावरण में मौजूद सूक्ष्म जीवों की प्रमुख भूमिका होती हैं। इस गतिविधि के परिणामस्वरूप प्राकृतिक रूप से गैसें निकलती है विशेष रूप से मीथेन गैस, जिससे वायु प्रदूषण होता हैं।
- **बढ़ता तापमान:** यह प्रदूषित मिट्टी और पानी से, वाष्पशील संदूषक (दूषित पदार्थों) की मात्रा में वृद्धि करेगा।

मानव निर्मित वायु प्रदूषण के स्रोत:

यह मानवीय गतिविधियों के कारण होता है और इसका पर्यावरण और हम सभी पर व्यापक प्रभाव पड़ता है। मानव वायु प्रदूषण के निर्मित स्रोतों का वर्णन नीचे किया गया है:

- **खनन और गलाने (mining-smelting):** जमा खनिज की पिसाई (crushing) और प्रसंस्करण (processing) के दौरान विभिन्न प्रकार की धातुओं के उत्सर्जन से वायुमंडल में प्रदूषण होता है।
- **फाउंड्री गतिविधियाँ:** यह कच्चे धातु के प्रसंस्करण के कारण विभिन्न प्रकार की धातुओं को वायुमंडल में उत्सर्जित करता है (भट्टियों के उपयोग सहित)।
- **औद्योगिक प्रक्रिया:** यह कार्बनिक और अकार्बनिक दोनों प्रकार के संदूषकों के आकस्मिक अधिप्लाव और संग्रहीत रसायनों के रिसाव (leakage) या रसायनों के गलत प्रबंधन (mis-handling) और भंडारण के माध्यम से उत्सर्जित होते हैं– विशेष रूप से वाष्पशील प्रकृति के अकार्बनिक रसायन।
- **परिवहन:** वाहन कार्बन मोनोऑक्साइड, सल्फर ऑक्साइड, नाइट्रोजन ऑक्साइड जैसी गैसों और पार्टिकुलेट मैटर के रूप में कई वायु प्रदूषकों का उत्सर्जन करते हैं।

- **निर्माण और विध्वंस गतिविधियाँ:** यह गतिविधियाँ निर्माण कार्यों में उपयोग की जाने वाली विभिन्न सामग्री के कारण हवा को प्रदूषित करती हैं, विशेष रूप से पुरानी इमारतों को ढहाना जिसमें PCBs, PBDEs, एस्बेस्टस आदि जैसे कई प्रतिबंधित रसायन हो सकते है।
- **कोयला बिजली संयंत्र:** कोयला बिजली संयंत्र (पावर प्लांट) में कोयले के जलने से गैसों की श्रृंखला के साथ-साथ धातुओं (जैसे As, Pb, Hg) और कार्बनिक यौगिकों (विशेष रूप से PAHs) के साथ पार्टिकुलेट मैटर आदि का उत्सर्जन होता है।
- **अपशिष्ट भस्मीकरण (Incineration):** इस प्रक्रिया में कचरे की संरचना के आधार पर, विभिन्न जहरीली गैसें और पार्टिकुलेट मैटर वायुमंडल में उत्सर्जित होते है।
- **अपशिष्ट भू-भरण (Landfill) क्षेत्र की प्रक्रिया:** अपशिष्ट भू-भरण क्षेत्र में प्राकृतिक सूक्ष्मजैविक क्षयकारी गतिविधि के कारण उत्पन्न होने वाली मीथेन गैस पर्यावरण को प्रदूषित करती है।
- **कृषि:** कृषि गतिविधि अमोनिया गैस के उत्सर्जन और पीड़कनाशी/शाकनाशी/कीटनाशक (Insecticides) के उपयोग, जिसमें जहरीले वाष्पशील कार्बनिक यौगिक (VOCs) शामिल होते हैं के कारण हवा को प्रदूषित करती है।

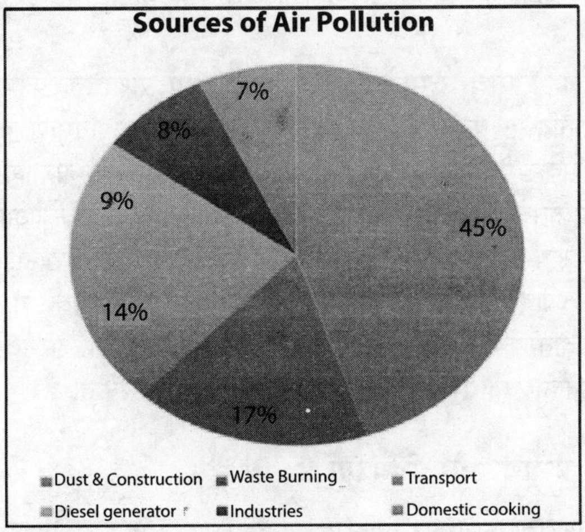

चित्र 2.5: मानव निर्मित वायु प्रदूषण के स्रोत

- **रक्षा गतिविधियाँ:** यह गतिविधियाँ अभ्यास और प्रशिक्षण के दौरान जहरीली गैसों के उत्सर्जन से हवा को प्रदूषित कर सकती हैं।
- **धूम्रपान:** धूम्रपान कई जहरीले रसायन जिनमें कार्बनिक और अकार्बनिक रसायनों की श्रृंखला भी शामिल है का उत्सर्जन करता है, जिनमें से कुछ तो कैंसर कारक होते हैं।
- **घरेलू उत्पादों का भंडारण और उपयोग:** घरेलू उत्पाद जैसे पेंट, स्प्रे, वार्निश आदि, इनमें कार्बनिक सॉल्वैंट्स होते हैं जो हवा में वाष्पीभूत (volatize) हो जाते हैं, इसलिए हम उपयोग करते समय उनकी गंध महसूस करते हैं।
- **रेफ्रिजरेंट:** इसका उपयोग विभिन्न इलेक्ट्रॉनिक उपकरणों जैसे रेफ्रिजरेटर, एयर-कंडीशनर आदि में किया जाता है। ये मुख्य रूप से वायुमंडल में ग्रीनहाउस प्रभाव पैदा करने के लिए जिम्मेदार होते हैं जिससे पृथ्वी का तापमान बढ़ता है।

- **आई. सी. बॉयलरः** यह दहन उपकरण हैं जिनका उपयोग पानी को गर्म करने या वाष्प बनाने के लिए किया जाता है। आई.सी. बॉयलर वातावरण में खतरनाक वायु प्रदूषकों का उत्सर्जन करके वायु प्रदूषण पैदा करता है।

2.3 वायु प्रदूषक

"वायु प्रदूषण हवा में बाह्य पदार्थ (foreign matter) की अत्यधिक सांद्रता है जो व्यक्ति के स्वास्थ पर प्रतिकूल प्रभाव डालते है या संपत्ति को क्षति पहुँचाते है।"

–अमेरिकन मेडिकल एसोसिएशन

बाह्य पदार्थ जिनके कारण से वायु प्रदूषण होता है, वायु प्रदूषक कहलाते हैं। वायु प्रदूषकों में गैसें, तरल बूंदें और ठोस कण शामिल हैं। उत्सर्जन के स्रोत के अनुसार उन्हें दो मुख्य समूहों में वर्गीकृत किया गया है– (i) प्राथमिक प्रदूषक और (ii) द्वितीयक प्रदूषक।

प्राथमिक प्रदूषक स्रोत से सीधे वायुमंडल में उत्सर्जित होते हैं। ये स्रोत या तो प्राकृतिक प्रक्रिया हो सकती है जैसे कि रेत के तूफान, ज्वालामुखी विस्फोट अथवा मानव जनित (मनुष्यों द्वारा) जैसे औद्योगिक और वाहनों से उत्सर्जन। प्रमुख प्राथमिक प्रदूषक सल्फर, नाइट्रोजन, कार्बन के ऑक्साइडस, पार्टिकुलेट मैटर, मीथेन, अमोनिया, क्लोरोफ्लोरोकार्बन, विषाक्त धातु इत्यादि हैं।

द्वितीयक प्रदूषक वायुमंडल में सीधे उत्सर्जित नहीं होते हैं। जब प्राथमिक प्रदूषक स्वयं के साथ या वायुमंडल के अन्य घटकों के साथ परस्पर प्रतिक्रिया करते हैं, तब द्वितीयक प्रदूषक का निर्माण होता हैं। प्रमुख द्वितीयक प्रदूषकों में फोटोकैमिकल ऑक्सीडेंट और सेकेंडरी पार्टिकुलेट मैटर शामिल हैं। सूर्य के प्रकाश और नाइट्रोजन ऑक्साइड, सल्फर डाइऑक्साइड, या वाष्पशील कार्बनिक यौगिकों के बीच फोटोकैमिकल प्रतिक्रियाओं के परिणामस्वरूप फोटोकैमिकल ऑक्सीडेंट बनते हैं। इनमें मुख्य रूप से एसिड, नाइट्रोजन डाइऑक्साइड, सल्फर ट्राइऑक्साइड और ओजोन शामिल हैं। ओजोन को अत्यधिक खतरनाक वायु प्रदूषक माना जाता है। ओजोन के संपर्क में आने से फेफड़ों से सम्बंधित कई रोग हो सकते हैं जैसे अस्थमा, वातस्फीति (emphysema) और ब्रोंकाइटिस। बार-बार और लंबे समय तक ओजोन के संपर्क में रहने से फेफड़े के ऊतकों को स्थायी रूप से नुकसान पहुच सकता हैं।

2.3.1 कणिकीय प्रदूषकः प्रभाव और नियंत्रण

किसी भी स्थान पर वायु की गुणवत्ता हवा में उपस्थित प्रदूषकों के स्तर द्वारा निर्धारित होती है और यह हवा में छोड़े गए प्रदूषकों के प्रकार और मात्रा पर निर्भर करती है। वायु में प्रदूषकों का स्तर एक स्थान से दूसरे स्थान और एक घंटे से दूसरे तक बहुत अधिक भिन्न हो सकता है।

कणिकीय प्रदूषण, वायु प्रदूषण के सबसे जटिल रूपों में से एक है। कणिकीय प्रदूषण के लिए जिम्मेदार प्रदूषक को कणिकीय प्रदूषक या पार्टिकुलेट मैटर (PM) भी कहा जाता है। यह विभिन्न कणों ठोस और तरल दोनों का मिश्रण है, जो एक समान व्यवहार करते हैं और समान आकार के होते हैं। पार्टिकुलेट मैटर को कणों के आकार के आधार पर विभिन्न श्रेणियों में उप-विभाजित किया जाता है जैसे PM10, PM2.5 और PM0.1।

PM10 को मोटे कणों के रूप में भी जाना जाता है, इसे 10 μm या उससे छोटे वायुगतिकीय व्यास (aerodynamic diameter) वाले कणों के रूप में परिभाषित किया गया है। PM10 में PM2.5 और PM0.1 भी सम्मिलित होते हैं। ये कण स्वास्थ्य के लिए महत्वपूर्ण खतरा पैदा कर सकते हैं क्योंकि यह साँस द्वारा हमारे फेफड़ों में प्रवेश कर सकते हैं। जब ये कण फेफड़ों में चले जाते हैं, तो यह फेफड़ों के ऊतकों को नुकसान पहुँचा सकते हैं और अस्थमा के दौरों को आमंत्रित कर सकते हैं। यह हमारे एयरवेज, नाक, गले और आंखों में भी जलन पैदा कर सकते है। इसके स्रोतों में निर्माण स्थल की धूल, सड़क की धूल या प्राकृतिक धूल भरी आंधी, कृषि प्रक्रिया, पौधे, कीड़े, परागकण और साथ ही जीवाश्म ईंधन को जलाने पर निकलने वाली अदहनशील (non-combustible) सामग्री शामिल होती है।

PM2.5 को महीन कणों के रूप में भी जाना जाता है तथा इन्हें 2.5 μm या उससे छोटी वायुगतिकी व्यास वाले कणों के रूप में परिभाषित किया गया है। ये सूक्ष्म कण प्राकृतिक या मानव निर्मित स्रोतों से आ सकते हैं, जैसे: वाहनों द्वारा उत्सर्जन (vehicular exhaust), जंगल की आग, बिजली संयंत्र उत्सर्जन और अन्य दहन गतिविधियाँ। PM10 के विपरीत, PM2.5 न केवल हमारे फेफड़ों बल्कि हमारे रक्तप्रवाह में भी प्रवेश कर सकते है। PM10 कण हमारे श्वसन पथ में ऊपर की ओर ही अटक जाते हैं और शरीर में गहरे नहीं जा पाते हैं, जैसा कि PM2.5 में होता है। PM2.5 हमारे शरीर के अन्य हिस्सों जैसे मस्तिष्क और हृदय तक पहुँच कर सूजन और क्षति का कारण बन सकते है। PM2.5, PM10 के समान समस्याएँ तो उत्पन्न करता ही है बल्कि अतिरिक्त समस्याएँ जैसे श्वसन रोग, रोग प्रतिरोधक क्षमता में कमी, जन्मजात अक्षमता और मधुमेह भी उत्पन्न करता है।

PM0.1 को अल्ट्राफाइन डस्ट (ultrafine dust) के रूप में भी जाना जाता है, जिसे 0.1 μm या उससे छोटे वायुगतिकी व्यास वाले कणों के रूप में परिभाषित किया गया है। यह महीन धूल से भी अधिक सूक्ष्म होती है और PM2.5 के समान स्रोतों से निकलती है। शोध से पता चला है कि अल्ट्राफाइन धूल PM2.5 से भी बड़ा खतरा है, क्योंकि छोटे आकार के कण हमारे शरीर में अधिक गहराई तक घुसपैठ कर सकते हैं। हाल के अध्ययनों से पता चलता है कि PM0.1 बढ़ी हुई हृदय विषाक्तता और ऑक्सीडेटिव तनाव के लिए अधिक जिम्मेदार है। अल्ट्राफाइन डस्ट को गंभीरता से लिया जाना चाहिए और अतिरिक्त शोध PM0.1 और PM2.5 के बीच के अंतरों पर अधिक प्रकाश डालेंगी।

पार्टिकुलेट मैटर के उत्सर्जन को विभिन्न भौतिक प्रक्रियाओं द्वारा प्रदूषित धारा से नियंत्रित या अलग किया जा सकता है। पार्टिकुलेट मैटर को एकत्रित करने के लिए सामान्य प्रकार के उपकरणों में बैग फिल्टर, साइक्लोन सेपरेटर, इलेक्ट्रोस्टैटिक प्रेसिपिटेटर और स्क्रबर शामिल हैं। एक बार एकत्र होने के बाद, कण एक-दूसरे से चिपक कर एग्लोमेरेट्स (ढेरी) बनाते हैं जिन्हें उपकरण में से आसानी से हटाया जा सकता है और सामान्यत: लैंडफिल में निस्तारित किया जा सकता है।

2.3.1.1 बैग फिल्टर

बैग फिल्टर, सामान्यत: बैगहाउस या डस्ट कलेक्टर के रूप में जाने जाते है यह एक प्रदूषण नियंत्रण उपकरण है जिसका उपयोग दूषित गैस धारा से कणिकीय प्रदार्थ को हटाने के लिए, कपड़े से बने बैग फिल्टर पर कणों को जमा करके किया जाता है। फिल्टर प्राय: बेलनाकार कपड़े के बैग के रूप में होते है, परन्तु यह कारतूस (cartridges) के रूप में भी हो सकते है जो कपड़े, सिनटेर्ड (sintered) धातु या छिद्र युक्त सिरेमिक से बना होता है। सामान्यत: बैग फिल्टर 99% से अधिक संग्रह क्षमता में सक्षम हैं। बैग फिल्टर निम्नलिखित तीन प्रकार के होते हैं और वे एक दूसरे से फिल्टर की सफाई विधि में भिन्न होते हैं।

- शेकर बैग फिल्टर
- रिवर्स एयर बैग फिल्टर
- पल्स जेट टाइप बैग फिल्टर

शेकर बैग फिल्टर

शेकर बैग फिल्टर ऊर्ध्वाधर आवरण होता है जो बेलनाकार बैग, हॉपर बॉटम और ऊर्ध्वाधर आवरण (vertical casing) और हॉपर के बीच एक ट्यूब शीट से बना होता है। बेलनाकार बैग शीर्ष पर बंद होते हैं और आवरण के शीर्ष में शेकिंग मैकेनिज्म से जुड़े होते हैं। दूषित गैस की धारा हॉपर में प्रवेश करती है, ऊर्ध्वाधर शीट के छिद्रों से होकर और ऊर्ध्वाधर बैग के अंदर बहती है, धूल केक को अंदर की थैली की सतह पर छोड़ देती है। समय-समय पर, गैस का प्रवाह बंद कर दिया जाता है और बैगों को साफ करने के लिए उन्हें हिलाया जाता है। बिखरा हुआ डस्ट केक, बैग से अलग हो कर हॉपर में गिर जाता है इसे संग्राहक (कलेक्टर) से निकाल लिया जाता है।

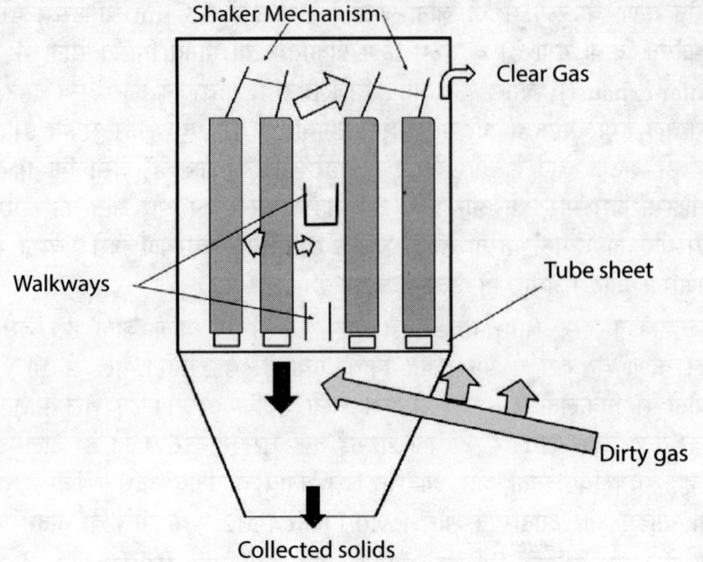

चित्र 2.6: शेकर बैग फिल्टर

रिवर्स एयर बैग फिल्टर

यह फिल्टर शेकर बैग फिल्टर के समान होते हैं। दूषित गैस की धारा हॉपर से प्रवेश करते हुए, बैग से गुजरती है। गैस की धारा डस्ट केक को बैग के अंदर की सतह पर छोड़ देती है। बैग (थैलों) की सफाई करने के लिए, दूषित गैस की धारा का प्रवाह बंद कर विपरीत दिशा से स्वच्छ गैस का प्रवाह शुरू किया जाता है। यह गैस प्रवाह प्रायः बैग फिल्टर से ही निकलने वाली स्वच्छ गैस धारा से लिया जाता है। रिवर्स एयर फ्लो के द्वारा डस्ट केक, बैग से अलग हो कर हॉपर में गिर जाता है इसे संग्राहक (कलेक्टर) से निकाल लिया जाता है।

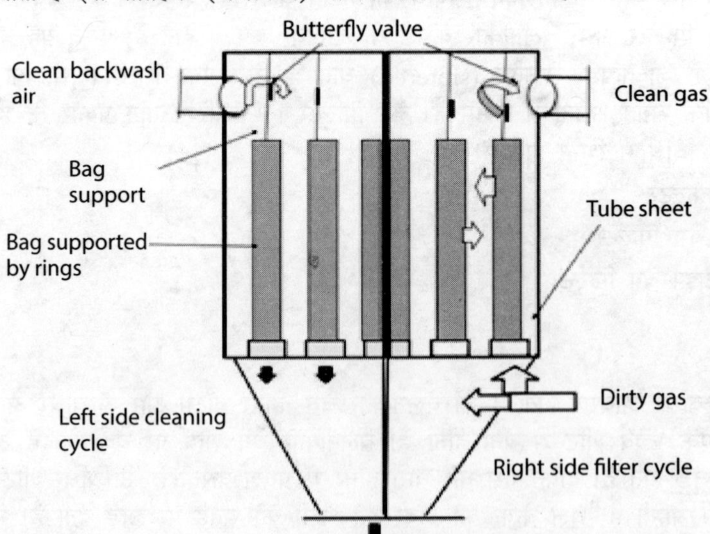

चित्र 2.7: रिवर्स एयर बैग फिल्टर

पल्स जेट टाइप बैग फिल्टर

पल्स जेट टाइप बैग फिल्टर में एक ट्यूब शीट होती है जो ऊर्ध्वाधर आवरण के ऊपरी भाग के पास स्थित होती है, एवं बैग को ट्यूब शीट से लटका दिया जाता है। बैग को गिरने से बचाने के लिए उनके अंदर एक तार की जाली का पिंजरा लगाया जाता है। दूषित गैस की धारा हॉपर के माध्यम से बैग में प्रवेश करती है, और ट्यूब शीट के माध्यम से गुजरते, डस्ट केक को बैग की सतह पर छोड़ते हुए ऊपर की ओर जाती है। बैग की सतहों को संपीड़ित हवा (compressed air) के अल्प अवधि के स्पन्द (pulses) के द्वारा साफ किया जाता है। संपीडित वायु के स्पन्द द्वारा अलग की गई डस्ट केक हॉपर में गिरती है, एवं इसे संग्राहक से निकाल लिया जाता है।

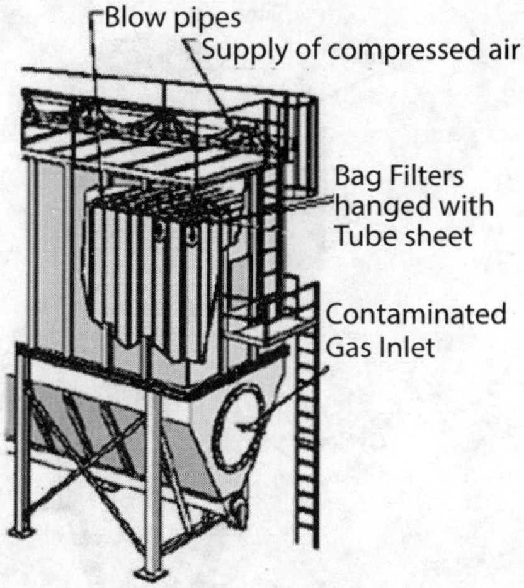

चित्र 2.8: पल्स जेट बैग फिल्टर

2.3.1.2 साइक्लोन सेपरेटर्स

साइक्लोन सेपरेटर्स या साइक्लोन एक पृथक्करण उपकरण हैं, इनका उपयोग हवा या अन्य गैस की धारा से पार्टिकुलेट मैटर को पृथक करने के लिए किया जाता है। यह पार्टिकुलेट मैटर को पृथक करने के लिए जड़ता (inertia) के सिद्धांत पर कार्य करता है साथ ही यह कम लागत और रखरखाव पर काम करता है। फिल्टर की जाने वाली हवा या अन्य गैस की धारा के आयतन के आधार पर साइक्लोन का आकार 1.2 मीटर से 9 मीटर तक हो सकता है। साइक्लोन सेपरेटर्स मूल रूप से अपकेन्द्री (centrifugal) सेपरेटर्स होते हैं और अपकेंद्रित्र (centrifudge) की तरह काम करते हैं। इनका ऊपरी भाग बेलनाकार होता है जिसे बैरल कहा जाता है और निचला भाग शंक्वाकार जिसे शंकु कहा जाता है। साइक्लोन द्वारा उपकरण में भंवर उत्पन्न होता है जो बहने वाली गैस या वायु कण की जड़ता के बल को सरलता से अपकेन्द्री बल में बदल देता है। कणों से लदी वायु की धारा बैरल के ऊपरी भाग से स्पर्शरेखा में प्रवेश करती है और बाहरी भंवर का निर्माण करते हुए शंकु में नीचे की ओर जाती है। बाहरी भंवर में बढ़ते वायु वेग के परिणामस्वरूप कणों पर अपकेन्द्री बल होता है जो उन्हें वायु धारा से अलग करता है। जब हवा शंकु के तल तक पहुँचती है, तो यह रेडियल रूप से अंदर की ओर प्रवाहित होने लगती है और स्वच्छ हवा/गैस के रूप में ऊपरी भाग से बाहर आती है, जबकि पार्टिकुलेट मैटर साइक्लोन सेपरेटर्स के नीचे से जुड़े धूल संग्रह कक्ष (collection chmaber) में गिर जाते है।

अधिकांश साइक्लोन 10 μm से बड़े कणों को नियंत्रित करने और हटाने के लिए बनाए जाते हैं। यद्यपि उच्च दक्षता वाले साइक्लोन भी उपलब्ध हैं जिन्हें 2.5 μm से छोटे कणों पर प्रभावी होने के लिए डिजाइन किया गया है। साइक्लोन, सेपरेटर्स कण-नियंत्रण उपकरणों में से, सबसे कम खर्चीला उपकरण हैं। फ्लू गैस को अधिक प्रभावी प्रदूषण नियंत्रण उपकरणों में प्रवेश कराने से पहले साइक्लोन सेपरेटर्स को प्राय: पूर्व-उपचार (pre-treatment) के रूप में उपयोग किया जाता है। इसलिए, हवा/गैस के महीन निस्पंदन चरणों (fine filteration stages) तक पहुँचने से पहले

साइक्लोन सेपरेटर्स को "रफ सेपरेटर्स" के रूप में देखा जा सकता है। साइक्लोन सेपरेटर्स सामान्यत: हवा/गैस के लगभग 50–99% कणों को दूर करने में सक्षम होते हैं। साइक्लोन सेपरेटर्स उन हवा/गैसों पर अधिक प्रभावी होते हैं, जिनमें बड़े आकार के कण अधिक मात्रा में होते हैं। साइक्लोन सेपरेटर्स से जुड़े कई लाभ हैं जैसे– (i) प्रतिष्ठापन और रखरखाव में कम लागत (ii) कम जगह का उपयोग (iii) पार्टिकुलेट मैटर सूखी अवस्था में एकत्र किए जाते हैं जिनसे इनका निष्पादन आसान होता है। हालाँकि, कुछ कमियाँ भी हैं, जैसे 10 μm से छोटे कणों को प्रभावी ढंग से हटाने के लिए स्टैण्डर्ड मॉडल उपलब्ध नहीं हैं एवं उपकरण चिपचिपे प्रदार्थ को संभालने में असमर्थ हैं।

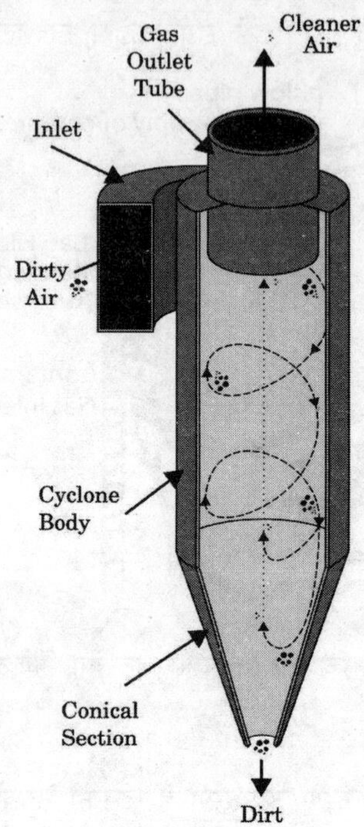

चित्र 2.9: साइक्लोन सेपरेटर्स

2.3.1.3 इलेक्ट्रोस्टैटिक प्रेसिपिटेटर्स

इलेक्ट्रोस्टैटिक प्रेसिपिटेटर्स (ESP) का उपयोग गैस की धारा से धुआँ और धूल जैसे महीन कणों को अलग करने के लिए किया जाता है। यह वायु प्रदूषण नियंत्रण के लिए प्राय: उपयोग किया जाने वाला उपकरण है एवं अधिकतर इनका उपयोग स्टील प्लांट, थर्मल पावर प्लांट आदि में किया जाता है।

इलेक्ट्रोस्टैटिक प्रेसिपिटेटर्स का संचालन अत्यंत सरल है। इसमें विद्युत आवेश का उपयोग हवा या स्मोकस्टैक्स या फ्लूस (flues) में अन्य गैसों से पार्टिकुलेट मैटर को ठोस या तरल बूंदों के रूप में अलग करने के लिए किया जाता है। प्रेसिपिटेटर पतली ऊर्ध्वाधर तारों की पंक्ति एवं बड़ी ऊर्ध्वाधर धातु की प्लेटों का बना होता। उपयोग के आधार पर प्लेटों को 1 सेमी से 17 सेमी तक की दुरी पर रखा जाता है। एक इलेक्ट्रोड में से एक को उच्च नकारात्मक वोल्टेज से तथा दूसरे इलेक्ट्रोड को उच्च सकारात्मक वोल्टेज से चार्ज किया जाता है। गैस की धारा क्षैतिज (horizontally) रूप से तारों के बीच और प्लेटों के ढेर के मध्य से बहती है। गैस धारा में मौजूद पार्टिक्युलेट्स नकारात्मक चार्ज इलेक्ट्रोड से गुजरने से नकारात्मक चार्ज हो जाते है इस प्रकार ऋणात्मक आवेश से आवेशित पार्टिक्युलेट्स धनात्मक इलेक्ट्रोड (प्लेट) की ओर आकर्षित होते है तथा प्लेटों या अन्य संग्रह उपकरणों पर जमा हो जाते है। उपचारित गैस

की धारा प्रेसिपिटेटर्स से बाहर निकलती है, और चिमनी के द्वारा वायुमंडल में जाती है। जब संग्राहक उपकरणों पर पर्याप्त मात्रा में पार्टिक्युलेट्स जमा हो जाते हैं, तो उन्हें यांत्रिक रैपर्स द्वारा संग्राहकों से हटा दिया जाता है। पार्टिक्युलेट्स जो सूखे या गीले हो सकते हैं, यूनिट के नीचे हॉपर में गिर जाते हैं और कन्वेयर सिस्टम के द्वारा उन्हें निष्पादन या रीसाइक्लिंग के लिए दूर ले जाते है। कोयला बिजली संयंत्रों से इस प्रकार एकत्र की गई कालिख (सूट) या राख को फ्लाई ऐश कहा जाता है।

फ्लू गैसों को साफ करने की प्रक्रिया में इलेक्ट्रोस्टैटिक प्रेसिपिटेटर्स बहुत ही महत्वपूर्ण एवं अत्यधिक प्रभावी उपकरण हैं। यह 10 μm से छोटे आकार के 99% से अधिक कणों को निकालने में सक्षम हैं हालाँकि, यह बहुत अधिक महंगा होता है– बिजली संयंत्र के विद्युत ऊर्जा उत्पादन का लगभग 2–4%।

2.4 गैसीय प्रदूषण नियंत्रण

गैसीय प्रदूषण को दो श्रेणियों में वर्गीकृत किया जा सकता है; प्राथमिक और द्वितीयक प्रदूषक। प्राथमिक गैसीय प्रदूषकों में सल्फर, नाइट्रोजन डाइऑक्साइड, नाइट्रोजन ऑक्साइड और कार्बन मोनोऑक्साइड, वोलेटाइल आर्गेनिक कम्पाउंडस (VOCs) आदि सम्मिलित हैं, जबकि द्वितीयक गैसीय प्रदूषकों में ओजोन और अन्य फोटोकैमिकल ऑक्सीडेंट, सल्फ्यूरिक एसिड आदि सम्मिलित हैं। गैसीय प्रदूषकों को तीन मूलभूत तकनीकों के माध्यम से नियंत्रित किया जाता है; अवशोषण (absorption), अधिशोषण (adsorption) और भस्मीकरण या दहन। यहाँ, दो विधियाँ अर्थात अवशोषक और उत्प्रेरक परिवर्तक (Catalytic convertoɪ) जो दहन विधि के अंतर्गत आते है पर चर्चा की गई है।

2.4.1 अवशोषक

अवशोषक, गैसीय प्रदूषकों को विलायक मीडिया (solvent media) में घोलकर निकालने की एक प्रक्रिया है। तरल फेज सबसे अधिक उपयोग किया जाने वाला विलायक मीडिया है, लेकिन कुछ प्रणालियों में यह सूखा थोक ठोस (dry bulk solid) भी हो सकता है। अवशोषित करने वाले पदार्थ को विलायक कहा जाता है, और गैस जिसे अवशोषित किया जाना है उसे विलेय (solute) कहा जाता है। अवशोषण का सामान्य फॉर्म वेट स्क्रबिंग है। स्क्रबर के प्रकारों में क्रॉस फ्लो स्क्रबर, बबल, प्लेट और ट्रे स्क्रबर, पैक्ड-बेड काउंटर फ्लो स्क्रबर आदि सम्मिलित हैं।

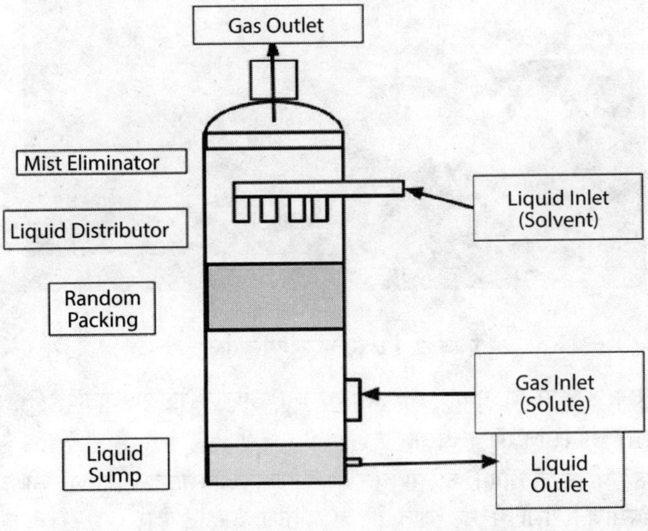

चित्र 2.10: पैक्ड-बेड काउंटर फ्लो स्क्रबर

वेट स्क्रबर का सबसे सामान्य प्रकार पैक्ड-बेड काउंटर फ्लो स्क्रबर है। प्रदूषक युक्त गैस धारा स्क्रबर के निचले भाग से प्रवेश करती है और स्क्रबर के ऊपरी भाग में स्थित निकास की ओर बढ़ती है। तरल स्क्रबिंग मीडिया या विलायक, स्क्रबर के ऊपरी भाग से प्रवेश करता है और बेतरतीब (क्रमरहित) पैकिंग पर फैल जाता है। गैस धारा भी क्रमरहित (random) पैकिंग से गुजरती है जो आवश्यक सतह क्षेत्र (surface area) प्रदान करती है और दो मीडिया के बीच संपर्क की सुविधा प्रदान करती है। तरल मीडिया प्रदूषकों को गैस की धारा से अवशोषित करता है जो स्क्रबर के नाबदान (sump) में एकत्र होते हैं। गैस की धारा बाहर निकलने से पहले एक धुंध हटाने वाले उपकरण से होकर गुजरती है और वायुमंडल में फैल जाती है। समान्यत: स्क्रबिंग के उपयोग में आने वाला तरल पदार्थ जल है, लेकिन ऐसी कई प्रक्रिया या प्रदूषक हैं जिनके लिए विभिन्न प्रकार के तरल पदार्थ या विलायक की आवश्यकता होती है।

2.4.2 उत्प्रेरक परिवर्तक

भारत में सड़कों पर कारों की संख्या बहुत अधिक है विशेष रूप बड़े शहरों जैसे मुंबई, कोलकाता, बेंगलुरु, पुणे आदि में और हर एक कार वायु प्रदूषण का स्रोत है। इस समस्या को दूर करने के लिए, वर्ष 1950 के दशक के मध्य में फ्रांसीसी यांत्रिक इंजीनियर और उत्प्रेरक तेल शोधन में विशेषज्ञ यूजीन हाउड्री द्वारा उत्प्रेरक परिवर्तक (कैटेलिटिक कन्वर्टर) नामक उपकरण का आविष्कार किया गया था। कार के उत्सर्जन में नाइट्रोजन ऑक्साइड, कार्बन मोनोऑक्साइड और हाइड्रोकार्बन जैसे हानिकारक जहरीले उपोत्पाद होते हैं। उत्प्रेरक परिवर्तक एक सरल उपकरण है जो ऑक्सीकरण (oxidation) और अपचायक (reduction) प्रतिक्रियाओं का उपयोग कर उत्सर्जित हानिकारक धुएँ को कम हानिकारक धुएँ में बदलता है। यह धातु के आवरण से बना है जिसमें सिरेमिक के हनीकोम्ब इंटीरियर के साथ इन्सुलेटिंग परतें हैं। यह हनीकोम्ब इंटीरियर कीमती धातुओं से लेपित होता है जैसे प्लैटिनम, रोडियम और पैलेडियम। यह कार के सामने के हिस्से के पास स्थित होता है।

चित्र 2.11: उत्प्रेरक परिवर्तक

उत्प्रेरक परिवर्तक में मुख्य रूप से दो प्रकार के उत्प्रेरक का उपयोग किया जाता है:

(i) अपचयन उत्प्रेरक (ii) ऑक्सीकरण उत्प्रेरक

अपचयन उत्प्रेरक: यह ऑक्सीजन को अलग कर नाइट्रोजन ऑक्साइड प्रदूषण को कम करता है। नाइट्रोजन ऑक्साइड नाइट्रोजन और ऑक्सीजन गैसों में टूट जाते हैं जो हानिरहित होते हैं।

ऑक्सीकरण उत्प्रेरक: यह कार्बन मोनोऑक्साइड को कार्बन डाइऑक्साइड और हाइड्रोकार्बन को कार्बन डाइऑक्साइड और पानी में परिवर्तित करता है।

उपयोग किए गए उत्प्रेरक के प्रकार के आधार पर, उत्प्रेरक परिवर्तक को दो श्रेणियों में वर्गीकृत किया गया है:

टू वे टाइप उत्प्रेरक परिवर्तक: इसमें, केवल ऑक्सीकरण उत्प्रेरक का उपयोग किया जाता है, जो कार्बन मोनोऑक्साइड को कार्बन डाइऑक्साइड और हाइड्रोकार्बन को कार्बन डाइऑक्साइड और पानी को ऑक्सीकरण प्रक्रिया द्वारा परिवर्तित करता है।

$$CO + O_2 \longrightarrow CO_2$$

$$C_xH_{4x} + 2_xO_2 \longrightarrow xCO_2 + 2xH_2O$$

थ्री वे टाइप उत्प्रेरक परिवर्तक: इसमें दोनों उत्प्रेरक, ऑक्सीकरण और अपचयन का उपयोग किया जाता है। इसलिए, यह टू वे टाइप परिवर्तक (कनवर्टर) के समान प्रदर्शन करता है साथ ही अपचयन उत्प्रेरक भी शामिल होता है जो नाइट्रोजन ऑक्साइड को नाइट्रोजन और ऑक्सीजन गैसों में अपचयन प्रक्रिया द्वारा अपचयित करता है।

$$NO_X \longrightarrow N_X + O_X$$

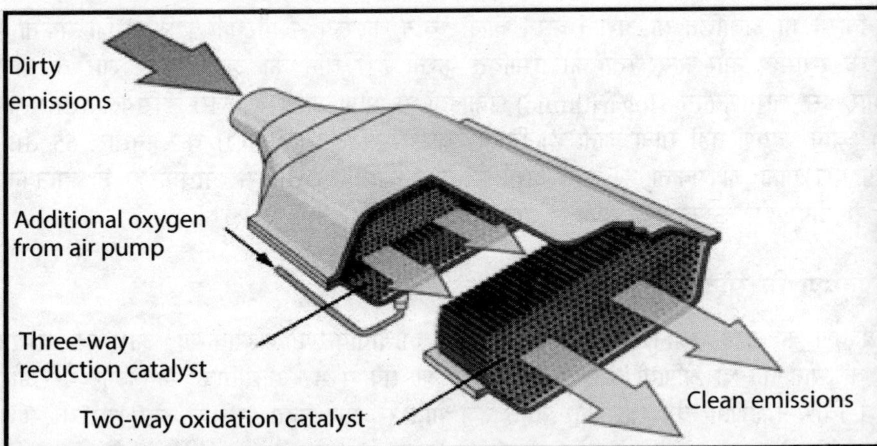

चित्र 2.12: उत्प्रेरक परिवर्तक का योजनाबद्ध आरेख

ऊपर बतायें गए परिवर्तक (कनवर्टर) के अलावा, ऑक्सीजन सेंसर भी परिवर्तक के पास स्थित होता है जो कार की इलेक्ट्रॉनिक नियंत्रण इकाई (ईसीयू) को निष्काषित गैसों में ऑक्सीजन की उपलब्धता के विषय में बताने में सहायता करता है। यह वाहन को अधिक कुशल वायु/ईंधन अनुपात (air/fuel ratio) पर चलाने में साहयता करता है, एवं ऑक्सीकरण प्रक्रिया को पूरा करने के लिए इंजन से परिवर्तक को पर्याप्त ऑक्सीजन की आपूर्ति करता है।

2.4.3 वायु प्रदूषण के प्रभाव रेफ्रिजरेंट, आई. सी. बॉयलर के कारण

रेफ्रिजरेंट का उपयोग विभिन्न इलेक्ट्रॉनिक उपकरणों जैसे रेफ्रिजरेटर, एयर-कंडीशनर आदि में किया जाता है। प्रौद्योगिकी के आगमन के साथ, विश्व भर में लोगों की जीवन शैली में अत्यधिक परिवर्तन आया है। विशेषकर, एयर-कंडीशनर, यह घर, कार्यालय, स्कूल, रेलवे स्टेशन, हवाई अड्डा आदि लगभग हर जगह में होने से अपरिहार्य से हो गए हैं। प्रारंभ में, क्लोरोफ्लोरोकार्बन को व्यापक रूप से सीएफसी (CFC) के रूप में जाना जाता था, जो सबसे आम रेफ्रिजरेंट के रूप में उपयोग किये जाते थे। लेकिन जब से सीएफसी के कारण ओजोन परत को होने वाली क्षति के विषय में पता चला है, तो उन्हें चरणबद्ध तरीके से समाप्त करने के लिए विश्व भर में प्रयास किए गए। सीएफसी से छुटकारा पाने के प्रयास के परिणामस्वरूप, रसायनों के दो समूह, हाइड्रो फ्लोरोकार्बन (HFC) और हाइड्रो क्लोरो फ्लोरोकार्बन (HCFC) के रूप में अलग ही समस्या के साथ सामने आए। ये रेफ्रिजरेंट ओजोन के अणुओं को तो बहुत कम विभाजित करते हैं, लेकिन यह अत्यंत प्रबल ग्रीनहाउस गैस हैं। क्योंकि सीएफसी के साथ एचएफसी और एचसीएफसी

इन्फ्रारेड विकिरण को अवशोषित करते हैं, ऊष्मा अंतरिक्ष में मुक्त होने के स्थान पर वायुमंडल में ही अवरुद्ध हो जाती है, जिससे ग्रीनहाउस प्रभाव उत्पन्न होता है जो पृथ्वी को गर्म करता है।

आई.सी. बॉयलर दहन उपकरण हैं जिनका उपयोग पानी को गर्म करने अथवा वाष्प बनाने के लिए किया जाता है। पानी को वाष्पीकृत होने तक गर्म करके बॉयलर में वाष्प उत्पन्न की जाती है। इसके बाद वाष्प का उपयोग गर्मी/बिजली पैदा करने या मशीनरी चलाने के लिए किया जाता है। आई.सी. बॉयलर विभिन्न प्रकार के खतरनाक वायु प्रदूषक (HAPs), कण प्रदूषक और वाष्पशील कार्बनिक यौगिकों का उत्सर्जन करते हैं। कुछ उत्सर्जित प्रदूषक हैं– नाइट्रोजन ऑक्साइड, सल्फर डाइऑक्साइड, कार्बन मोनोऑक्साइड, हाइड्रोजन क्लोराइड, कैडमियम, पारा आदि।

2.5 ध्वनि प्रदूषण: प्रदूषण के स्रोत, प्रदूषण के स्तर की माप, ध्वनि प्रदूषण के प्रभाव, ध्वनि प्रदूषण (विनियमन और नियंत्रण) नियम, 2000

ध्वनि प्रदूषण को किसी भी अवांछित या अशांत करने वाली ध्वनि के रूप में परिभाषित किया जा सकता है जो मनुष्यों और अन्य जीवों के स्वास्थ्य और तन्दुरूस्ती को प्रभावित करती है। ध्वनि को आमतौर पर शोर के संदर्भ में वर्णित किया जाता है और इसे लघुगणकीय (logarithmic) इकाइयों में मापा जाता है जिसे डेसिबल (dB) कहा जाता है। सभी आवाजों को ध्वनि प्रदूषण नहीं माना जाता है। विश्व स्वास्थ्य संगठन (WHO) के अनुसार, 65 dB से ऊपर के ध्वनि को ध्वनि प्रदूषण माना जा सकता है। सही अर्थो में, जब ध्वनि 75 dB से अधिक हो तो हानिकारक हो जाती है और 120 dB से ऊपर इसे कष्टदायक श्रेणी में रखा जा सकता है।

2.5.1 ध्वनि प्रदूषण के स्रोत

किसी भी अन्य प्रदूषण की तरह, ध्वनि प्रदूषण मुख्य रूप से औद्योगीकरण, शहरीकरण, आधुनिक सभ्यता के कारण है। ध्वनि प्रदूषण के स्रोत को दो श्रेणियों में वर्गीकृत किया जा सकता है: औद्योगिक स्रोत और गैर-औद्योगिक स्रोत। औद्योगिक स्रोतों में विभिन्न उद्योगों का शोर और बहुत तेज गति से और बहुत अधिक तीव्र शोर के साथ काम करने वाली बड़ी मशीनें शामिल हैं। गैर-औद्योगिक स्रोतों में परिवहन/वाहन यातायात, लाउडस्पीकर, रेडियो इत्यादि द्वारा उत्पन्न शोर शामिल हैं।

ध्वनि प्रदूषण के प्रमुख स्रोत को निम्नानुसार वर्गीकृत किया जा सकता है:

- **औद्योगिक स्रोत:** उद्योग जैसे कपड़ा मिल, इंजीनियरिंग प्रतिष्ठान, प्रिंटिंग प्रेस, धातु कार्य आदि ध्वनि प्रदूषण में भागीदार होते हैं। भारत में कई औद्योगिक शहर जैसे कोलकाता, कानपुर आदि इससे अधिक प्रभावित हैं क्योंकि वहाँ औद्योगिक क्षेत्र आवासीय क्षेत्रों से अलग नहीं हैं, विशेष रूप से लघु उद्योग। इस कारण से औद्योगिक क्षेत्र को आवासीय क्षेत्र से दूर रखने की सलाह दी जाती है और उन्हें विस्तृत ग्रीनबेल्ट से अलग रखा जा सकता है।
- **परिवहन वाहन:** शहरी क्षेत्रों में ऑटोमोबाइल क्रांति ध्वनि प्रदूषण का एक बड़ा स्रोत बन गई है। हाल के दिनों में, वाहनों की संख्या में वृद्धि के कारण यातायात में असाधारण वृद्धि हुई है, जैसे कि बसों, ट्रेनों, ट्रकों आदि, जिसके परिणामस्वरूप ध्वनि प्रदूषण में वृद्धि हुई है। आवासीय इलाकों के आस-पास स्थित हवाई अड्डे के कारण बहुत अधिक ध्वनि प्रदूषण होता है क्योंकि हवाई जहाज अपने लैंडिंग और टेक ऑफ के दौरान आवासीय इलाकों के ऊपर से गुजरते हैं। भारी ट्रक, बस, ट्रेन, मोटर बाइक, मोपेड आदि के कारण भी ध्वनि प्रदूषण होता हैं।
- **घरेलू शोर:** घरों में कई प्रकार के आंतरिक शोर के स्रोत होते हैं जैसे बच्चों के खेलने का शोर, शिशुओं का रोना, फर्नीचर का हिलाना आदि। घरेलू उपकरण जैसे मिक्सर-ग्राइंडर, प्रेशर कुकर, एग्जॉस्ट फैन, वाशिंग मशीन और मनोरंजन उपकरण जैसे रेडियो, संगीत प्रणाली, टेलीविजन सेट सभी ध्वनि प्रदूषण के आंतरिक स्रोत हैं।

चित्र 2.13: ध्वनि प्रदूषण के स्रोत

- **सार्वजनिक संबोधन प्रणाली:** सार्वजनिक कार्यक्रमों में सामान्यत: सार्वजनिक संबोधन प्रणाली (Public Address System) का बहुत अधिक तेज आवाज में उपयोग किया जाता हैं, जो ध्वनि प्रदूषण का स्रोत बन जाते है जैसे राजनीतिक रैलिया, हड़ताल, चुनाव, धार्मिक और अन्य सामाजिक कार्यक्रम आदि।
- **कृषि मशीनें:** कई कृषि फार्मों में भारी मशीनरी और उपकरण जैसे ट्रैक्टर, थ्रेशर, ट्यूबवेल, पावर्ड टिलर, हार्वेस्टर आदि का उपयोग किया जाता है। ये मशीनरी 90 dB से 98 dB तक के स्तर का ध्वनि प्रदूषण पैदा कर सकती हैं।
- **रक्षा उपकरण:** तोपखाने, टैंक, विस्फोट, शूटिंग अभ्यास आदि से बहुत अधिक ध्वनि प्रदूषण पैदा होता है। जेट इंजन और सोनिक बूम का शोर खिड़की के शीशे को चकनाचूर करने और पुरानी जर्जर इमारतों को क्षति पहुँचाने के लिए जाना जाता है और इसका कानों पर बहरा कर देने वाला प्रभाव पड़ता है।
- **विविध स्रोत:** निर्माण स्थल, ब्लास्टिंग, स्टोन क्रेशर आदि ध्वनि प्रदूषण के कुछ अन्य स्रोत हैं।

2.5.2 ध्वनि प्रदूषण स्तर का मापन

ध्वनि को भौतिक और साथ ही शरीर क्रिया विज्ञान के अनुसार वर्णित किया जा सकता है। भौतिक रूप से, ध्वनि एक यांत्रिक गड़बड़ी है जो हवा या अन्य माध्यम जैसे पानी, स्टील आदि में तरंग गति के रूप में प्रसारित होती है। शरीर क्रिया विज्ञान के अनुसार, ध्वनि भौतिक घटना से उत्पन्न श्रवण संवेदना या धारणा है। ध्वनि या शोर के भौतिक गुण और धारणा को विभिन्न अवधारणाओं और इकाइयों में व्यक्त किया और मापा जाता है।

ध्वनि दबाव का उपयोग ध्वनि (आयाम) के मौलिक माप के रूप में किया जाता है क्योंकि इसे सीधे उपकरणों द्वारा मापा जा सकता है। एक औसत व्यक्ति द्वारा 1000 Hz (हट्र्ज) पर पता लगाया जा सकने वाला सबसे कमजोर ध्वनि दबाव गड़बड़ी 20 $\mu N/m^2$ पाया गया है और बिना किसी असुविधा के सबसे बड़ा ध्वनि दबाव 10^7 $\mu N/m^2$ तक का है। ध्वनि दबाव माप में इतने विस्तृत सीमा (range) के कारण रेखीय दाब स्केल में इसे मापने का तरीका अव्यावहारिक पाया गया है। ध्वनि दबाव स्तर को इसकी मात्रा, जो ध्वनि दबाव के लघुगणक के समानुपाती होती है, के लिए नियोजित करना सुविधाजनक पाया गया है। इसके द्वारा, ध्वनि दबाव सीमा 0 से 130 के बीच सिकुड़ जाती है, जो उपयोग करने के लिए सुविधाजनक श्रेणी है। ध्वनि दबाव का स्तर डेसिबल (dB) की इकाई में व्यक्त किया जाता है।

ध्वनि दबाव स्तर को इस प्रकार परिभाषित किया गया है:

$$Lp = 10 \text{ Log10 } (P/Pr)^2$$

जहाँ

Lp = ध्वनि दबाव स्तर, डीबी (sound pressure level, dB)

P = ध्वनि दबाव वर्गमूल औसत का वर्ग (root mean square sound pressure),

आमतौर पर $\mu N/m^2$ में

Pr = संदर्भ ध्वनि दबाव (reference sound pressure)

Log10 = आधार 10 के लिए लघुगणक (Logarithm to the base 10)

संदर्भ ध्वनि दबाव, Pr का अंतरराष्ट्रीय स्तर पर सहमत मान (agreed value) $20\ \mu N/m^2$ है।

ध्वनि को ध्वनि मापक यंत्र अर्थात साउंड लेवल मीटर से मापा जाता है जो आमतौर पर एक पोर्टेबल, स्व-निहित उपकरण होते है जिसमें एक माइक्रोफोन, एम्पलीफायर, एक वाल्टमीटर और एटेन्यूएटर्स शामिल होते हैं, इस पूरे यन्त्र को ध्वनि दबाव के स्तर को प्रत्यक्ष पढ़ने के लिए कैलिब्रेट किया जाता है।

2.5.3 ध्वनि प्रदूषण के प्रभाव

शोर मात्र उपद्रव भर नहीं बल्कि उससे कुछ अधिक ही है। ध्वनि प्रदूषण का मानव स्वास्थ्य, जीवन और पर्यावरण की गुणवत्ता एवं वन्य जीवों पर हानिकारक प्रभाव पड़ सकता है। ध्वनि प्रदूषण के कुछ प्रमुख प्रभावों के विषय में नीचे चर्चा की गई है:

- **सुनने की समस्याएँ:** हमारे कान कुछ निश्चित सीमा (रेंज) तक की ध्वनियों को श्रवण क्षमता में नुकसान के बिना ले पाते हैं। परन्तु तेज शोर या ध्वनियों के लगातार संपर्क में आने से श्रवण क्षमता कम हो सकती है। यह उन ध्वनियों के प्रति हमारी संवेदनशीलता को भी कम कर सकता है जो हमारे कान हमारे दैनिक जीवन में अनजाने में ले पाते हैं।
- **मनोवैज्ञानिक समस्याएँ:** हमारा मनोवैज्ञानिक स्वास्थ्य कार्य क्षेत्रों में होने वाले ध्वनि प्रदूषण से प्रभावित हो सकता है जैसे; कार्यालय, निर्माण स्थलों या यहाँ तक कि घरों में भी। इसके परिणामस्वरूप अनिद्रा, निरंतर तनाव, थकान, चिंता, अवसाद आदि हो सकते हैं। यह जीवन के आने वाले समय में अधिक गंभीर और दीर्घकाल की स्वास्थ्य समस्या का कारण बन सकते हैं।
- **शारीरिक समस्याएँ:** अत्यधिक शोर के कारण उच्च रक्तचाप, सिरदर्द, श्वसन संबंधी समस्याएं, नाड़ी की तेज गति आदि समस्याएँ हो सकती हैं।
- **संज्ञानात्मक समस्याएँ:** ध्वनि प्रदूषण मस्तिष्क की प्रतिक्रियाओं और ध्यान केंद्रित करने की क्षमता को प्रभावित कर सकता है जिसके परिणामस्वरूप समय के साथ हमारी क्षमताओं के स्तर में कमी हो सकती है। अध्ययन से पता चला है कि रेलवे स्टेशन या हवाई अड्डों के पास रहने वाले स्कूली बच्चों को पढ़ने में परेशानी होती हैं।
- **नींद संबंधी विकार:** उच्च स्तर का शोर हमारे सोने के पैटर्न या स्वरुप को प्रभावित कर सकता है और बहुत असहज और परेशान करने वाली स्थिति पैदा हो सकती है। इसके कारण जल्दी थकान हो सकती है तथा कार्यालय के साथ-साथ घर में हमारी कार्य क्षमता को प्रभावित कर सकता है।
- **हृदय संबंधी समस्याएँ:** उच्च स्तर के शोर से उच्च रक्तचाप, हृदय रोग और तनाव से जुडी हृदय की समस्याएँ हो सकती हैं।
- **संवाद बाधा:** ध्वनि प्रदूषण लोगों के बीच मुक्त संवाद में बाधा उत्पन्न कर सकता है। इससे गलतफहमी के साथ ही एक-दूसरे को समझने में कठिनाई हो सकती है। यह कक्षा, प्रयोगशालाओं और कार्यशालाओं में शिक्षण एवं सीखने की प्रक्रिया को बुरी तरह प्रभावित कर सकता है।
- **वन्यजीवों पर प्रभाव:** ध्वनि प्रदूषण मनुष्यों की तुलना में वन्यजीवों को अधिक प्रभावित करता है क्योंकि वे ध्वनि पर अधिक निर्भर होते हैं। पशुओं में इंसानों की तुलना में सुनने की क्षमता बेहतर होती है क्योंकि उनका जीवित रहना इस पर निर्भर करता है। पशु अधिक, आसानी से विचलित हो जाते हैं और कई व्यवहार संबंधी समस्याओं का सामना करते हैं। वे श्रवण हानि से पीड़ित हो सकते हैं और शिकार में अक्षम हो सकते हैं जिससे पारिस्थितिकी तंत्र का संतुलन बिगड़ सकता है।

2.5.4 ध्वनि प्रदूषण (विनियमन और नियंत्रण) नियम, 2000

विभिन्न स्रोतों से सार्वजनिक स्थानों पर बढ़ते परिवेशी शोर का स्तर जैसे कि औद्योगिक गतिविधि, निर्माण गतिविधि, पटाखों, ध्वनि उत्पन्न करने वाले उपकरणों, जनरेटर सेट, लाउड स्पीकर, सार्वजनिक संबोधन प्रणाली (पब्लिक एड्रेस सिस्टम), संगीत सिस्टम, वाहनों के हॉर्न और अन्य यांत्रिक उपकरणों का मानव स्वास्थ्य और लोगों के मनोवैज्ञानिक स्वास्थ्य पर हानिकारक प्रभाव पड़ता है। शोर के संबंध में परिवेशी वायु गुणवत्ता मानकों को बनाए रखने के उद्देश्य से शोर उत्पन्न करने वाले स्रोतों को विनियमित और नियंत्रित करना आवश्यक माना गया है।

उपरोक्त मुद्दों को संबोधित करने के लिए, मूल नियम भारत के राजपत्र में S.O.123(E), दिनांक 14.02.2000 के माध्यम से प्रकाशित किए गए और बाद में पर्यावरण (संरक्षण) अधिनियम, 1986 के तहत S.O.1046(E), दिनांक 22.11.2000, S.O.1088(E), दिनांक 11.10.2002, S.O.1569(E), दिनांक 19.9.2006 और S.O.50(E), दिनांक 11.01.2010 के तहत संशोधित किए गए।

ध्वनि प्रदूषण (विनियमन और नियंत्रण) नियम, 2000 की मुख्य विशेषताएँ निम्नलिखित-शीर्षक के तहत वर्णित हैं:

1. लघु-शीर्षक और प्रारंभ
2. परिभाषाएँ
3. विभिन्न क्षेत्रों/जोन के लिए शोर के संबंध में परिवेशी वायु गुणवत्ता मानक
4. ध्वनि प्रदूषण नियंत्रण उपायों को लागू करने की जिम्मेदारी
5. लाउड स्पीकर/पब्लिक एड्रेस सिस्टम और ध्वनि उत्पादन उपकरणों के उपयोग पर प्रतिबंध (5A) हॉर्न, ध्वनि उत्सर्जक निर्माण उपकरण और पटाखे फोड़ने के उपयोग पर प्रतिबंध
6. शांत क्षेत्र/जोन में किसी भी उल्लंघन के परिणाम
7. प्राधिकरण को की जाने वाली शिकायतें
8. प्रतिबंधित करने की शक्ति आदि, संगीत ध्वनि या शोर की निरंतरता

   नोट: अधिक जानकारी के लिए वेबसाइट लिंक:
   "cpcbenvis-nic-in@noisepollution@noise_rules_2000-pdf"

यूनिट सारांश

1. प्रदूषण को हवा, पानी और मिट्टी में हानिकारक पदार्थों की उपस्थिति के रूप में परिभाषित किया जा सकता है जो जीवित प्राणियों एवं और पर्यावरण पर प्रतिकूल प्रभाव डाल सकते हैं।
2. प्रदूषण के प्रकारों में मुख्य रूप से वायु प्रदूषण, जल प्रदूषण, भूमि प्रदूषण, ध्वनि प्रदूषण और रेडियोधर्मी प्रदूषण शामिल हैं।
3. प्रदूषक हानिकारक पदार्थ हैं जो हवा, पानी और मिट्टी की भौतिक, रासायनिक या जैविक विशेषताओं में अवांछनीय और हानिकारक परिवर्तन करते हैं।
4. वायु प्रदूषण के मानव निर्मित स्रोतों में खनन और गलन प्रक्रिया, फाउंड्री गतिविधियाँ, विभिन्न औद्योगिक प्रक्रिया, निर्माण और विध्वंस गतिविधियाँ, कोयला बिजली संयंत्र, अपशिष्ट भस्मीकरण, लैंडफिल के कचरे के निष्पादन की रीतियां, कृषि, रक्षा गतिविधियाँ, धूम्रपान, भंडारण और घरेलू उत्पादों का उपयोग, रेफ्रिजरेंट एवं आई.सी. बॉयलर आदि शामिल होते हैं।
5. वायु प्रदूषण के प्राकृतिक स्रोतों में ज्वालामुखी गतिविधियाँ, हवाएँ और वायु प्रवाह, जंगल की आग, माइक्रोबियल क्षय प्रक्रिया, धरती का बढ़ता तापमान आदि शामिल होते हैं।

6. किसी भी स्थान पर वायु की गुणवत्ता हवा में उपस्थित प्रदूषकों के स्तर द्वारा निर्धारित होती है और यह हवा में छोड़े गए प्रदूषकों के प्रकार और मात्रा पर निर्भर करती है।
7. कणिकीय प्रदूषण वायु प्रदूषण के सबसे जटिल रूपों में से एक है।
8. कणिकीय प्रदूषण के लिए जिम्मेदार प्रदूषक को कणिकीय प्रदूषक या पार्टिकुलेट मैटर भी कहा जाता है।
9. पार्टिकुलेट मैटर को कणों के आकार के आधार पर विभिन्न श्रेणियों में उप-विभाजित किया जाता है अर्थात PM10, PM2.5 और PM0.1।
10. PM10 को मोटे कणों के रूप में भी जाना जाता है, इसे 10 μm या उससे छोटे वायुगतिकीय व्यास वाले कणों के रूप में परिभाषित किया गया है। जब ये कण हमारे फेफड़ों में चले जाते हैं, तो यह फेफड़ों के ऊतकों को नुकसान पहुँचाते हैं और अस्थमा के दौरों को आमंत्रित कर सकते हैं।
11. PM2.5 को महीन कणों के रूप में भी जाना जाता है तथा इन्हें 2.5 μm या उससे छोटे वायुगतिकीय व्यास वाले कणों के रूप में परिभाषित किया गया है। PM2.5, PM10 के समान समस्याएँ तो उत्पन्न करता ही है बल्कि अतिरिक्त समस्याएँ जैसे श्वसन रोग, रोग प्रतिरोधक क्षमता में कमी, जन्मजात अक्षमता और मधुमेह भी उत्पन्न करता है।
12. PM0.1 को अल्ट्राफाइन डस्ट के रूप में भी जाना जाता है, जिसे 0.1 μm या छोटे वायुगतिकीय व्यास वाले कणों के रूप में परिभाषित किया गया है। हाल के अध्ययनों से पता चलता है कि PM0.1 बढ़ी हुई हृदय विषाक्तता और ऑक्सीडेटिव तनाव के लिए अधिक जिम्मेदार है।
13. बैग फिल्टर एक प्रदूषण नियंत्रण उपकरण है जिसका उपयोग दूषित गैस धारा से कणिकीय प्रदार्थ को हटाने के लिए, कपड़े से बने बैग फिल्टर पर कणों को जमा करके किया जाता है।
14. बैग फिल्टर तीन प्रकार के होते हैं, शेकर बैग फिल्टर, रिवर्स एयर बैग फिल्टर और पल्स जेट टाइप बैग फिल्टर।
15. अवशोषक गैसीय प्रदूषकों को विलायक मीडिया में घोलकर निकालने की एक प्रक्रिया है।
16. उत्प्रेरक परिवर्तक कार में उपयोग किया जाने वाला एक सरल उपकरण है जो हानिकारक उत्सर्जित धुएँ को कम हानिकारक धुएँ में बदलता है।
17. उत्प्रेरक परिवर्तक में मुख्य रूप से दो प्रकार के उत्प्रेरक का उपयोग किया जाता है, अपचायक उत्प्रेरक और ऑक्सीकरण उत्प्रेरक।
18. रेफ्रिजरेंट का उपयोग विभिन्न इलेक्ट्रॉनिक उपकरणों जैसे रेफ्रिजरेटर, एयर-कंडीशनर आदि में किया जाता है। यह ग्रीनहाउस प्रभाव के लिए जिम्मेदार है जो कि पृथ्वी को गर्म करता है।
19. ध्वनि प्रदूषण कोई भी अवांछित या अशांत करने वाली ध्वनि है जो मानव और अन्य जीवों के स्वास्थ्य और तंदुरूस्ती को प्रभावित करती है।
20. ध्वनि को लघुगणकीय इकाइयों में मापा जाता है जिसे डेसिबल (dB) कहा जाता है। ध्वनि 75 dB से अधिक हानिकारक और 120 dB से अधिक कष्टदायक हो जाती है।
21. ध्वनि प्रदूषण के स्रोतों में औद्योगिक स्रोत, परिवहन वाहन, घरेलू शोर, सार्वजनिक संबोधन प्रणाली, कृषि मशीन, रक्षा उपकरण आदि शामिल हैं।
22. ध्वनि प्रदूषण, प्रमुख स्वास्थ्य समस्याएँ जैसे श्रवण, मनोवैज्ञानिक, शारीरिक, संज्ञानात्मक समस्याएँ, नींद विकार, हृदय संबंधी समस्याएँ, संवाद बाधा आदि पैदा कर सकता है।
23. ध्वनि प्रदूषण (विनियमन और नियंत्रण) नियम, 2000 वेबसाइट से डाउनलोड किया जा सकता है। वेबसाइट लिंक; cpcbenvis.nic.in/noisepollution/noise_rules_2000.pdf

अभिनव गतिविधियाँ

1. **संगोष्ठी (सेमिनार):** एक विषय को, 8 से 10 विद्यार्थियों के मध्य प्रस्तुति के लिए उप विषयों में विभाजित किया जा सकता है।
2. **परिसंवाद (सिम्पोजियम):** विद्यार्थियों द्वारा अपनी पसंद के विषय पर शोध पत्रों का प्रस्तुतिकरण।
3. **समूह परिचर्चा (ग्रुप डिस्कशन):** परिचर्चा दस विद्यार्थियों के एक समूह में, जिसमे से एक समूह लीडर, एक मॉडरेटर और एक रिकॉर्डर। समूह के लीडर, सभी विद्यार्थियों की भागीदारी सुनिश्चित करने के लिए जिम्मेदार होंगे, मॉडरेटर सुनिश्चित करेंगे कि परस्पर बातचीत (क्रॉस वार्ता) न हो और रिकॉर्डर अपने स्वयं के सहित टिप्पणियों, परिचर्चा को रिकॉर्ड करे।
4. **प्रोजेक्ट वर्क:** 3 से 4 विद्यार्थियों के समूह को उपयुक्त विषय पर प्रोजेक्ट कार्य सौंपा जा सकता है। प्रोजेक्ट कार्य प्रयोगात्मक या शोध प्रकृति का हो सकता है।
5. **शैक्षिक यात्रा:** अपशिष्ट जल उपचार संयंत्र, जैव चिकित्सा अपशिष्ट उपचार संयंत्र, उद्योग और राज्य प्रदूषण नियंत्रण बोर्ड की शैक्षिक यात्रा।
6. **सामाजिक गतिविधियाँ:** विद्यार्थी घरेलू कचरा इकट्ठा कर वर्मीकम्पोस्ट तैयार कर सकते हैं।

रोचक तथ्य

1. दुनिया के बीस सबसे ज्यादा प्रदूषित शहरों में से 13 भारत में और 3 चीन में हैं। दिल्ली सबसे प्रदूषित शहरों में 11वें स्थान पर है, जबकि बीजिंग 57वें स्थान पर है।
2. प्रदूषित क्षेत्रों में रहने वाले भारतीयों के जीवन के 3.2 वर्ष (औसत) वायु प्रदूषण के कारण कम हो जाएंगे।
3. भारत की आधी से अधिक आबादी (लगभग 66 करोड़) वायु प्रदूषण के असुरक्षित स्तर वाले क्षेत्रों में रहती है।
4. डब्ल्यूएचओ के अनुसार वायु प्रदूषण से जुड़ी लगभग सभी मौतें (94%) निम्न और मध्यम आय वाले देशों में होती हैं।
5. ग्लोबल बर्डन ऑफ डिजीज की रिपोर्ट (2013) के अनुसार, हर साल 5.5 मिलियन से अधिक समय से पहले होने वाली मौतों वायु प्रदूषण के कारण होती है। अंतर्राष्ट्रीय ऊर्जा एजेंसी की एक अन्य रिपोर्ट में प्रति वर्ष 6.5 मिलियन मौतों का अनुमान लगाया गया है।
6. यूनाइटेड स्टेट्स में लगभग 30 मिलियन लोग प्रतिदिन अपने कार्यस्थल पर खतरनाक ध्वनि स्तरों के प्रभाव में आते हैं।
7. 2015 में, रोग नियंत्रण और रोकथाम केंद्र (सीडीसी) ने पाया कि खनन सबसे अधिक शोर करने वाला कार्य स्थल है, इसके बाद विनिर्माण और निर्माण क्षेत्र का स्थान आता है।
8. तेज आवाजे या शोर बच्चो के विकासशील मस्तिष्क पर प्रभाव डाल सकते हैं।
9. विशेषज्ञों के अनुसार, बच्चों की ध्वनियों को समझने की प्राकृतिक क्षमता, अनावश्यक होने वाली आवाजों, जैसे टेलीविजन या रेडियो से बहुत बाधित हो सकती है।
10. अनावश्यक ध्वनि प्रदूषण से बचने का सबसे सरल उपाय है इयरप्लग का उपयोग करना।

अभ्यास

(A) विषयनिष्ठ प्रश्न

1. प्रदूषण और प्रदूषक को परिभाषित करें? विभिन्न प्रकार के प्रदूषणों का वर्गीकरण कीजिए।
2. वायु प्रदूषण के प्राकृतिक और मानव निर्मित स्रोतों का उल्लेख कीजिए।
3. विभिन्न प्रकार के वायु प्रदूषकों और उनके प्रभावों की व्याख्या कीजिए।
4. निम्न पर संक्षिप्त नोट्स लिखें:
   (i) बैग फिल्टर (ii) चक्रवात विभाजक (iii) इलेक्ट्रोस्टैटिक प्रेसिपिटेटर
5. अवशोषक और उत्प्रेरक परिवर्तक के कार्य सिद्धांत की व्याख्या करें।
6. रेफ्रिजरेंट और आई.सी. बॉयलर के कारण वायु प्रदूषण के प्रभावों की व्याख्या करें।
7. ध्वनि प्रदूषण के स्रोतों की संक्षेप में व्याख्या कीजिए।
8. मानव स्वास्थ्य पर ध्वनि प्रदूषण के प्रभावों का वर्णन कीजिए।
9. ध्वनि प्रदूषण के मापन पर संक्षिप्त टिप्पणी लिखिए।
10. प्रदूषण नियंत्रण नियम 2000 की संक्षेप में व्याख्या कीजिए।

(B) बहुविकल्पीय प्रश्न

1. वायु में उच्चतम मात्रा (प्रतिशत) में है।
   (a) ऑक्सीजन (b) कार्बन डाइऑक्साइड
   (c) नाइट्रोजन (d) आर्गन
2. ताजमहल प्रभावित हो रहा है।
   (a) ध्वनि प्रदूषण (b) वायु प्रदूषण
   (c) जल प्रदूषण (d) इनमें से कोई भी
3. दुनिया की सबसे प्रदूषित नदी है।
   (a) गंगा (b) यमुना
   (c) नर्मदा (d) कावेरी
4. क्लोरो फ्लोरोकार्बन का उपयोग किस में किया जाता है।
   (a) रेफ्रिजरेटर (b) एयर कंडीशनर
   (c) परफ्यूम (d) उपरोक्त सभी
5. कोयले से चलने वाले बिजली संयंत्र में किस के उत्सर्जन को नियंत्रित करने के लिए इलेक्ट्रो-स्टैटिक प्रेसिपिटेटर लगाए जाते हैं।
   (a) SO_2 (b) NO_2
   (c) SPM (d) CO
6. कौन सा प्रदूषण जीव में श्रवण क्षमता में कमी का कारण बनता है?
   (a) वायु प्रदूषण (b) ध्वनि प्रदूषण
   (c) जल प्रदूषण (d) मृदा प्रदूषण

7. शोर का सुरक्षित स्तर किस पर निर्भर करता है?
   (a) शोर का स्तर एवं शोर के प्रति अनावरण (b) क्षेत्र
   (c) पिच (d) आवृत्ति
8. निम्न में से किस स्केल का उपयोग ध्वनि या शोर की प्रबलता के लिए किया जाता है।
   (a) रैखिक (लीनियर) स्केल (b) लघुगणकीय (लॉगरिथमिक) स्केल
   (c) घातीय (एक्सपोनेंशियल) स्केल (d) उपरोक्त में से कोई नहीं
9. किस यूनिट में ध्वनि को मापा जाता है?
   (a) किलोमीटर (b) पास्कल
   (c) किलोग्राम (d) डेसिबल
10. निम्नलिखित का उपयोग ध्वनि की तीव्रता को मापने के लिए किया जाता है।
   (a) ध्वनि स्तर मीटर (b) आवृत्ति मीटर
   (b) उपरोक्त दोनों (d) उपरोक्त में से कोई नहीं
11. निम्नलिखित में से कौन सा एजेंट मुख्य रूप से द्वितीयक प्रदूषण के लिए जिम्मेदार है?
   (a) स्मॉग और ओजोन (b) सल्फर ट्राइऑक्साइड
   (c) नाइट्रोजन डाइऑक्साइड (d) उपरोक्त सभी
12. किस पार्टिकुलेट मैटर का आकार सबसे हानिकारक है?
   (a) 10 μm (b) 2.5 μm
   (c) 0.1 μm (d) 15 μm
13. दो तरफा उत्प्रेरक परिवर्तक
   (a) निकास गैसों को फिर से प्रसारित करता है
   (b) ईंधन वाष्प गैसों को जलाता है
   (c) CO और HC को हटाता है
   (d) NO_2 को हटाता है
14. बैग फिल्टर का उपयोग किया जाता है।
   (a) दूषित गैस धारा से कणिकीय प्रदार्थ को हटाने के लिए
   (b) ध्वनि प्रदूषण को कम करने के लिए
   (c) गैसीय प्रदूषण को कम करने के लिए
   (d) उपरोक्त में से कोई भी नहीं
15. उत्प्रेरक परिवर्तक किस में उपयोग किया जाता है।
   (a) मोटरसाइकिल (b) रेलवे इंजन
   (c) हवाई जहाज (d) कार

बहुविकल्पीय प्रश्नों के उत्तर

1 (a)	2 (b)	3 (a)	4 (d)	5 (c)	6 (b)	7 (d)	8 (b)	9 (d)	10(a)
11 (d)	12 (b)	13 (c)	14 (a)	15 (d)					

अध्ययन हेतु सुझाए गए संसाधन

(A) संदर्भ पुस्तकें:

- C.N Rao, Understanding Chemistry, Universities Press (India) Pvt. Ltd., 2011
- Arceivala, Soli Asolekar, Shyam, Waste Water Treatment for Pollution Control and Reuse, Mc-Graw Hiil Education India Pvt. Ltd., New York, 2007, ISBN:978-07-062099-5.
- Nazaroff, William, Cohen, Lisa, Environmental Engineering Science, Wily, New York, 2000, ISBN:10-0471144940.
- Rao, C.S., Environmental Pollution Control and Engineering New Age International Pub- lication, 2007, ISBN:81-224-1835-X.
- Rao, M.N. Rao, H.V.N, Air Pollution, Tata Mc-Graw Hill Publication, New Delhi, 1988, ISBN:0-07-451871-8.
- Patwardhan, A.D., Industrial Solid Waste, Teri Press, New Delhi, 2013, ISBN:978-81- 7993502-6.
- Metcalf & Eddy, Waste Water Engineering, Mc-Graw Hill, New York, 2013, ISBN:077441206..

(B) ओपन सोर्स सॉफ्टवेयर एवं वेबसाइट:

- www.nptel.ac.in
- https://swayam.gov.in
- www.cpcp.gov.in
- www.cpcp.nic.in
- www. indiaenvironmentportal.org.in
- www. cpcbenvis.nic.in/noisepollution/noise_rules_2000.pdf.
- http://www.cpcbenvis.nic.in/noise_pollution_control.html.

फोटोग्राफ: सौजन्य "क्रिएटिव कॉमन"

(C) विडियो संसाधन:

वायु प्रदूषण मॉड्यूल-I

वायु प्रदूषण मॉड्यूल-II

वायु प्रदूषण

गैसीय प्रदूषण नियंत्रण

3 ऊर्जा के नवीकरणीय स्रोत

यूनिट विशिष्ट

यह यूनिट निम्नलिखित मुख्य पहलुओं पर ध्यान केंद्रित करती है:

- **सौर ऊर्जा:** सौर ऊर्जा की मूलभूत बातें, फ्लैट प्लेट संग्राहक (तरल और वायु) तथा इसके सिद्धांत, उन्नत प्लेट संग्राहक, सोलर पोंड, सोलर वॉटर हीटर, सोलर ड्रायर और सोलर स्टिल।
- **बायोमास:** बायोमास का ऊर्जा स्रोत के रूप में एवं ईंधन के रूप में उसकी तापीय विषेशताओं का विवरण, अवायवीय पाचन (एनोरोबिक डाइजेशन), बायोगैस उत्पादन क्रियाविधि, बायोगैस का उपयोग और भंडारण।
- **पवन ऊर्जा:** पवन ऊर्जा की वर्तमान स्थिति और भविष्य की संभावनाएँ, भारत में पवन ऊर्जा, पवन ऊर्जा के पर्यावरणीय लाभ एवं समस्याएँ।
- **ऊर्जा के नवीन स्रोत:** नए स्रोतों की आवश्यकता, विविध प्रकार के नवीन ऊर्जा स्रोत और इनके अनुप्रयोग, भू-तापीय ऊर्जा की अवधारणा और उत्पत्ति, भू-तापीय ऊर्जा के बिजली संयंत्र।

अध्ययनकर्ताओं में जिज्ञासा और सृजनात्मकता पैदा करने के लिए सभी विषयों को प्रासंगिक तस्वीरों के साथ प्रस्तुत किया गया है। अभ्यास के लिए बहुविकल्पीय और विषयनिष्ठ प्रश्न दिए गए हैं। विषय को और अधिक समझने, अवधारणाओं और शंकाओं (यदि कोई हो) के स्पष्टीकरण के लिए संसाधन जैसे संदर्भ पुस्तकें, ओपन रिसोर्स सॉफ्टवेयर और वेबसाइट, वीडियो संसाधन आदि भी इकाई में दिए गए हैं। रुचि के विभिन्न विषयों से सम्बंधित ज्ञान के लिए क्यूआर कोड दिए गए हैं, जिन्हें और अधिक जानकारी प्राप्त करने हेतु स्कैन किया जा सकता है।

भूमिका

आज, विश्व की जीवाश्म ईंधन पर बहुत अधिक निर्भरता है। जीवाश्म ईंधन के कई अनुप्रयोग हैं जैसे ऊष्मा का उत्पादन, बिजली की आपूर्ति हेतु जनरेटर चलाने के लिए वाष्प (भाप), जेट विमान में उपयोग की जाने वाली गैस टर्बाइन आदि। इसके साथ ही, जीवाश्म ईंधन का उपयोग, पर्यावरण में स्वास्थ्य के लिए हानिकारक कणों एवं जलवायु को नुकसान पहुँचाने वाली ग्रीनहाउस गैसों का उत्सर्जन कर प्रदूषण का कारण बनता है।

इसलिए, ऊर्जा के वैकल्पिक स्रोतों की आवश्यकता है। हाल ही के दिनों में, ऊर्जा के अन्य सभी रूपों की तुलना में नवीकरणीय ऊर्जा (Renewable Energy) तेजी से विकसित हो रही है। जीवाश्म ईंधन की तुलना में इसके अनेक लाभ हैं: जैसें जल और भूमि का कम उपयोग, कम वायु और जल प्रदूषण, वन्य जीवन एवं पर्यावास को कम नुकसान, ग्रीनहाउस गैस का कम उत्सर्जन या उत्सर्जन का न होना।

इस यूनिट का उद्देश्य ऊर्जा के नवीकरणीय स्रोतों की मूलभूत अवधारणाओं से परिचय कराना है जिसमें सौर ऊर्जा, पवन ऊर्जा, हाइड्रोजन ऊर्जा, महासागर ऊर्जा और बायोमास शामिल हैं। इस यूनिट के पूर्ण होने के बाद, विधार्थी ऊर्जा के नवीकरणीय स्रोतों की बुनियादी अवधारणाओं की समझ विकसित करेंगे, जो उन्हें हमारे स्वास्थ्य और पर्यावरण को जीवाश्म ईंधन के खतरनाक प्रभावों से बचाने के लिए अवसर प्रदान करेगा।

पूर्व-अपेक्षित ज्ञान

- हाईस्कूल स्तर का रसायन शास्त्र

यूनिट आउटकम्स

विद्यार्थी निम्नलिखित में सक्षम होंगे:

U3–O1: सौर ऊर्जा और दोहन की विधियों की व्याख्या करने में।

U3–O2: बायोमास की विशेषताएँ एवं इसकी पाचन प्रक्रिया पर चर्चा करने में।

U3–O3: पवन ऊर्जा तथा पर्यावरण पर इसके प्रभाव की व्याख्या करने में।

U3–O4: नवीन ऊर्जा स्रोतों और उनके अनुप्रयोगों का वर्णन करने में।

यूनिट आउटकम्स (UOs)	कोर्स आउटकम्स (COs) के साथ अपेक्षित संबंध *(1-कमजोर सहसंबंध; 2-मध्यम सहसंबंध; 3-मजबूत सहसंबंध)*					
	CO-1	**CO-2**	**CO-3**	**CO-4**	**CO-5**	**CO-6**
U3–O1	-	-	3	-	-	-
U3–O2	-	-	3	-	-	-
U3–O3	-	-	3	-	-	-
U3–O4	-	-	3	-	-	-

3.1 परिचय

"मुझे कोई संदेह नहीं है कि हम सौर ऊर्जा का दोहन करने में सफल होंगे। यदि सूर्य की किरणें युद्ध का हथियार होतीं, तो सौर ऊर्जा हमारे पास सदियों पहले होती"।

– जॉर्ज पोर्टर, रसायन विज्ञान में नोबल पुरस्कार विजेता, 1967

पर्यावरण को जीवाश्म ईंधन के खतरनाक प्रभाव से बचाने के लिए ऊर्जा के नवीकरणीय स्रोतों का उपयोग अपरिहार्य हो गया है। यह स्रोत प्रकृति में विभिन्न रूपों में उपलब्ध हैं जैसे सौर ऊर्जा, पवन ऊर्जा, हाइड्रोजन ऊर्जा, महासागर ऊर्जा, बायोमास आदि। ऊर्जा के पारंपरिक रूपों की तुलना में ऊर्जा के नवीकरणीय स्रोत के अनेक लाभ हैं; जैसे, ग्रीनहाउस गैस का उत्सर्जन न होना या कम होना, वायु प्रदूषक का न होना या कम होना, कम लागत, सभी के लिए सुलभ, रोजगार के अवसर आदि। इस यूनिट में सौर ऊर्जा, पवन ऊर्जा, बायोमास के दोहन की विभिन्न पद्धति, ऊर्जा के नए स्रोतों के अनुप्रयोग; हाइड्रोजन और महासागर ऊर्जा सहित उनके लाभों पर विस्तार से चर्चा की गई है।

3.2 सौर ऊर्जा

हमें सूर्य से शुद्ध, प्रदूषण रहित और अक्षय ऊर्जा, उज्ज्वल प्रकाश और ऊष्मा के रूप में प्राप्त होती है इसे सौर ऊर्जा के रूप में जाना जाता है। वैसे तो सूर्य पृथ्वी से 15 करोड़ किलोमीटर दूर स्थित है, फिर भी सौर ऊर्जा प्रचुर मात्रा में धरती पर पहुँचती है। सूर्य से हमें एक घंटे में जितनी ऊर्जा मिलती है, वह पूरे विश्व के सभी लोगों द्वारा एक वर्ष में उपभोग की गई ऊर्जा से कहीं अधिक है। सौर ऊर्जा सबसे विश्वसनीय ऊर्जा का स्रोत है और पृथ्वी पर ऊर्जा के अधिकांश अन्य रूपों का स्रोत भी है।

ऐतिहासिक रूप से, लोग सौर ऊर्जा का उपयोग इमारतों को गर्म रखने, आग उत्पन्न करने और औद्योगिक प्रक्रियाओं को चलाने आदि के लिए करते रहे हैं। सौर ऊर्जा, ऊर्जा का एक शक्तिशाली स्रोत है, हालाँकि, इसके केवल एक छोटे से हिस्से का उपयोग मुख्य रूप से निम्नलिखित के लिए किया जा सकता है:

- विद्युत उत्पादन (Generate electricity)
- तापन और शीतलन (HeatingAnd cooling)
- भोजन पकाने (Cooking)
- जल अलवणीकरण (Water desalination)

चित्र 3.1: सौर ऊर्जा के उपयोग

3.2.1 फ्लैट प्लेट संग्राहक (तरल और वायु)

फ्लैट प्लेट संग्राहक (Flat Plate Collector) सबसे मौलिक सौर ऊर्जा संग्राहक है। यह मुख्य रूप से घरेलू गर्म पानी की प्रणाली के लिए उपयोग किये जाते है।

फ्लैट प्लेट संग्राहक में निम्नलिखित विशेषताएँ शामिल हैं:

- काली प्लेट की सतह – आपतित (incident) सौर विकिरण को अवशोषित करने के लिए।
- काँच का आवरण – काँच की पारदर्शी सतह विकिरण को अवशोषक तक संचारित करने, साथ ही ऊष्मा के ह्रास को रोकने के लिए।
- द्रव/वायु युक्त ट्यूब – संग्राहक से ऊष्मा स्थानांतरित करने के लिए।
- आधार संरचना – संग्राहक के अवयव को सुरक्षा प्रदान करने एवं धारण करने के लिए।
- ऊष्मा रोधन (इन्सुलेशन) – संग्राहक के किनारों और तल से ऊष्मा के ह्रास को रोकने के लिए।

फ्लैट प्लेट संग्राहक में, सौर विकिरण, काली सतह वाली प्लेट द्वारा अवशोषित किये जाते है और फिर अवशोषित ऊष्मा द्रव/वायु युक्त ट्यूब में स्थानांतरित हो जाती है। संग्राहक के तल और किनारों में थर्मल इन्सुलेशन और प्लेट के ऊपर काँच का आवरण (ग्लास स्क्रीन), ऊष्मा के स्थानान्तरण के दौरान ऊष्मा के ह्रास को रोकते है।

फ्लैट-प्लेट सिस्टम, सामान्य रूप से 30°C से 80°C तापमान की सीमा तक काम करते है। हालाँकि, वैक्यूम इन्सुलेशन (vacuume insulation) और सेलेक्टिव कोटिंग्स (selective coatings) को नियोजित करने वाले उन्नत संग्राहक 200°C तक तापमान प्राप्त कर सकते हैं। फ्लैट प्लेट संग्राहक के कुछ लाभ हैं; निर्माण में आसान, कम विनिर्माण लागत, कम रखरखाव आदि।

ऊष्मा के स्थानान्तरण के लिए फ्लैट प्लेट संग्राहक में माध्यम के रूप में तरल (liquid) या हवा का उपयोग किया जा सकता है। तरल के रूप में, जल अपनी उपलब्धता और अच्छे तापीय गुणों के कारण सामान्य विकल्पों में से एक है।

जल आधारित फ्लैट प्लेट संग्राहक: इसमें, जल का उपयोग ऊष्मा स्थानान्तरण के माध्यम के रूप में किया जाता है। जल को आमतौर पर तरल पदार्थ के रूप में इसके उच्च उष्मीय क्षमता और उच्च द्रव्यमान घनत्व के कारण उपयोग किया जाता है, एवं ऊष्मा स्थानान्तरण के लिए छोटी ट्यूब और पाइप का उपयोग भी कर पाते है।

जल के उपयोग का एक नुकसान है कि सर्दियों के दौरान यह जम जाता है, जो संग्राहक या पाइप लाइन्स को नुकसान पहुँचा सकता है। इसे समय-समय पर संग्राहक से हटाकर प्रबन्धित किया जा सकता है।

वायु आधारित फ्लैट प्लेट संग्राहक: इस प्रकार के संग्राहक में, तरल/जल के स्थान पर हवा का उपयोग ऊष्मा स्थानान्तरण के माध्यम के रूप में किया जाता है। इस प्रकार के प्लेट संग्राहक का उपयोग स्थान को गर्म करने या फसल सुखाने के लिए किया जाता है। आमतौर पर इसमें पाइप में हवा का बहाव बनाये रखने के लिए पंखे की आवश्यकता होती है।

3.2.2 फ्लैट प्लेट संग्राहक का सिद्धांत

फ्लैट प्लेट संग्राहक का सिद्धांत अत्यंत सरल है। जब धातु की चादर (sheet) को सौर विकिरण में रखा जाता है, तो चादर का तापमान तब तक बढ़ता जाएगा जब तक कि ऊर्जा (सौर विकिरण) प्राप्त होने की दर धातु की चादर से ऊर्जा स्थानांतरित या लुप्त होने की दर के बराबर नहीं हो जाती है।

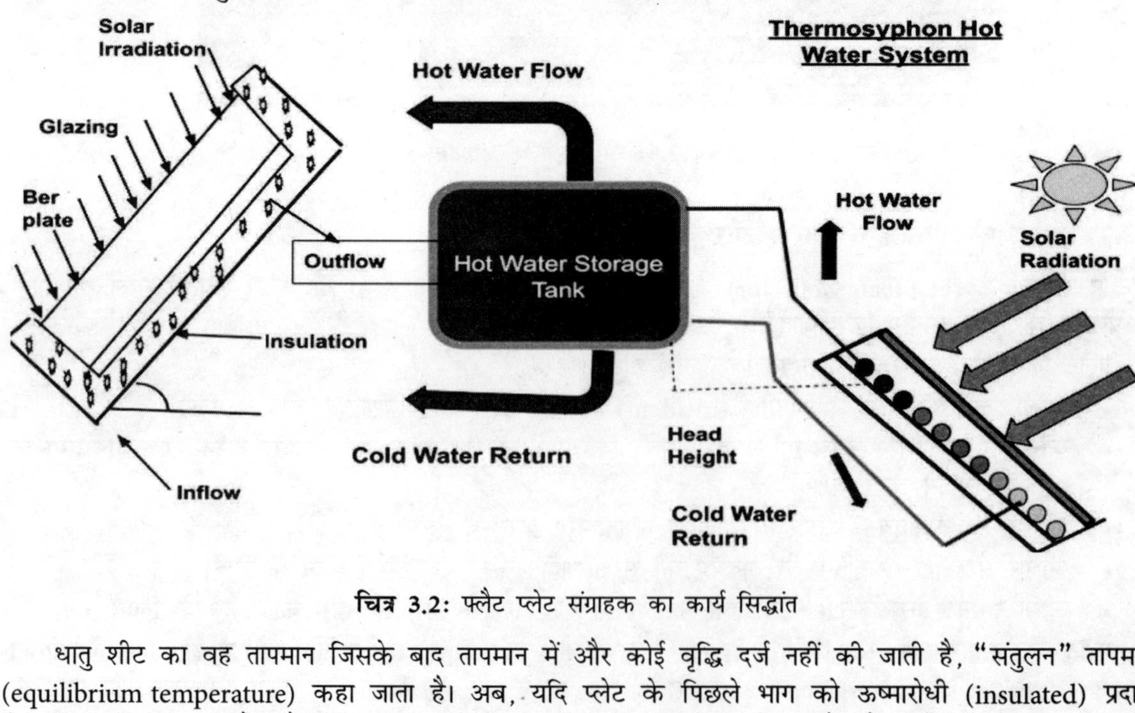

चित्र 3.2: फ्लैट प्लेट संग्राहक का कार्य सिद्धांत

धातु शीट का वह तापमान जिसके बाद तापमान में और कोई वृद्धि दर्ज नहीं की जाती है, "संतुलन" तापमान (equilibrium temperature) कहा जाता है। अब, यदि प्लेट के पिछले भाग को ऊष्मारोधी (insulated) प्रदार्थ से संरक्षित किया जाता है, और प्लेट की ऊपरी सतह को काले रंग में रंगा जाता है और काँच के आवरण से ढक

दिया जाता है, उस स्थिति में संतुलन तापमान साधारण खुली चादर की तुलना में बहुत अधिक होगा। इस धातु की शीट को जल/वायु परिसंचारी प्रणाली (circulating system) से जोड़कर ऊष्मा संग्राहक में परिवर्तित किया जाता है। ऊष्मा संग्राहक से अवशोषित ऊष्मा ट्यूब में भरे पानी/हवा में स्थानांतरित हो जाती है और अंततः एक भंडारण टैंक में स्थानांतरित की जाती है।

3.2.3 कोटिंग और उन्नत संग्राहक का महत्व

सौर अवशोषक सतह सौर तापीय संग्राहक (solar thermal collector) का मूलभूत हिस्सा है, क्योंकि यह सौर विकिरण के अवशोषण के साथ विकिरण से होने वाले उष्मा ह्रास (heat losses) को कम करने के लिए भी जिम्मेदार है। सौर अवशोषक सतह द्वारा सौर अवशोषण और उत्सर्जन का सौर तापीय संग्राहक की दक्षता पर अधिक प्रभाव पड़ता है। यह प्लेटें आमतौर पर तांबा या एल्यूमीनियम धातु से बनी होती हैं जिनमें अच्छा ताप संवाहक (heat conductor) गुण होता है। कभी-कभी इन अवशोषक प्लेटों को विशेष कोटिंग्स के साथ पेंट किया जाता है जो सामान्य काले रंग की तुलना में उष्मा को बेहतर ढंग से अवशोषित और बनाए रखने के लिए डिजाइन की जाती हैं। विशेष कोटिंग्स प्लेट के अवशोषक गुणों को बढ़ाने में मदद करती है जैसे उच्च तापमान के लिए सहनशीलता, पराबैंगनी विकिरण (UV) और नमी के लिए प्रतिरोध, स्थायित्व, ऑप्टिकल विशेषताएँ इत्यादि।

उन्नत प्लेट संग्राहक: पारंपरिक प्लेट संग्राहक प्रणाली में, पानी को 80°C तक गर्म किया जा सकता है, जो बड़े पैमाने पर गर्म पानी तथा स्थान को गर्म करने के लिए उनके अनुप्रयोगों को सीमित करता है। हालाँकि, संग्राहक से परिवेश में होने वाले उष्मा ह्रास को कम करके प्लेट संग्राहक की ताप क्षमता को बढ़ाया जा सकता है। अन्य अनुप्रयोगों जैसे बिजली उत्पादन आदि के लिए 120°C–130°C की सीमा में द्रव तापमान की आवश्यकता होती है। तापमान की इस सीमा को प्राप्त करने के लिए, सामान्य प्लेट अवशोषक के स्थान पर, खाली (वैक्यूम) ग्लास ट्यूब, जिसे सेलेक्टिव कोटिंग-काले अवशोषक के साथ लेपित कर उपयोग किया जाता है। इस प्रकार की व्यवस्थाओं वाले प्लेट संग्राहक को उन्नत प्लेट संग्राहक कहा जाता है। उन्नत प्लेट संग्राहक का उपयोग करके तापमान को 150°C तक बढ़ाया जा सकता है जिससे संग्राहक की अनुप्रयोग सीमा को बिजली उत्पादन, सोलर एयर कंडीशनिंग सिस्टम आदि के लिए बढ़ाया जा सकता है।

3.2.4 सोलर पोंड, सोलर वॉटर हीटर, सोलर ड्रायर और सोलर स्टिल्स

सूर्य नवीकरणीय ऊर्जा का सबसे बड़ा स्रोत है और सौर ऊर्जा पृथ्वी के सभी भागों में प्रचुर मात्रा में उपलब्ध है। ऊर्जा के अनवीकरणीय स्रोतों के सर्वोत्तम विकल्पों में से यह एक है। सौर ऊर्जा के दोहन करने के कई तरीके हैं उदाहरण के लिए सोलर पोंड, सोलर वॉटर हीटर, सोलर ड्रायर और सोलर स्टिल्स के उपयोग द्वारा।

3.2.4.1 सोलर पोंड

यह एक सौर ऊर्जा संग्राहक है, जो आकार में काफी बड़ा है और तालाब (pond) जैसा दिखता है। सोलर पोंड बहुत ही सरल सिद्धांत पर काम करता है। हम सभी जानते हैं कि जब पानी या हवा को गर्म किया जाता है तो वे हल्के हो जाते हैं और ऊपर की ओर उठते हैं जैसे गर्म हवा का गुब्बारा। इसी प्रकार एक साधारण तालाब में सूर्य की किरणें पानी पर पड़ती हैं, और तालाब के भीतर से गर्म पानी ऊपर सतह की और आता है लेकिन वाष्पीकरण के माध्यम से वायुमंडल में ऊष्मा खो देता है। परिणाम स्वरुप तालाब का पानी वायुमंडलीय तापमान पर बना रहता है। सोलर पोंड में, उष्मा की हानि को पानी में नमक घोलकर रोका जाता है, जिससे तालाब में पानी की सांद्रता गहराई के साथ बढ़ती जाती है और भारी पानी ऊपर की और उठ नहीं पाता।

सोलर पोंड में मुख्य रूप से तीन जोन होते हैं। ऊपरी जोन सतह का जोन है जिसे ऊपरी संवहनी जोन कहा जाता है, जो सामान्य रूप से वायुमंडलीय तापमान पर होता है और इसमें नमक की मात्रा बहुत कम होती है। निचला

क्षेत्र सबसे अधिक नमक वाला जोन है। इस जोन में, सौर ऊर्जा ऊष्मा के रूप में संग्रहित होती है, और इसलिए, इसे भंडारण जोन या निचला संवहन जोन कहा जाता है। इन दो जोन के बीच में एक महत्वपूर्ण जोन होता है जिसे प्रवणता (gradient) जोन या गैर-संवहनी जोन कहा जाता है। इस जोन में, पानी की गहराई के साथ नमक की मात्रा बढ़ती है और इस तरह एक प्रवणता घनत्व बनाता है। यदि हम इस जोन में एक विशेष परत पर विचार करें, तो उस परत से पानी ऊपर नहीं उठ सकता है, क्योंकि इस जोन के ऊपर के पानी की परत में नमक की मात्रा कम होती है और इसलिए यह हल्का होता है। इसी तरह, इस परत से पानी नीचे नहीं जा सकता क्योंकि इस जोन के नीचे की पानी की परत में नमक की मात्रा अधिक होती है और इसलिए यह भारी होती है। यह प्रवणता जोन एक पारदर्शी इन्सुलेटर के रूप में कार्य करता है जो सूर्य के प्रकाश को निचले जोन तक पहुँचने तो देता है, लेकिन इसे वही रोकता है। इसलिए, जब सूर्य का प्रकाश सोलर पोंड पर पड़ता है, तो आने वाली अधिकांश धूप नीचे तक पहुँच जाती है और इस प्रकार "भंडारण जोन" गर्म हो जाता है। चूंकि इस जोन से उष्मा की हानि को इसके ठीक ऊपर इंसुलेटर जोन के कारण रोक पाते है, इसलिए तालाब का तल अत्यधिक उच्च तापमान तक गर्म होता है और कभी-कभी यह 80°C से अधिक तक पहुँच सकता है। अंत में, थर्मल ऊर्जा निकालने के लिए गर्म पानी को नीचे के स्तर से, तालाब में से गुजरते पाइप में स्थानांतरित किया जाता है।

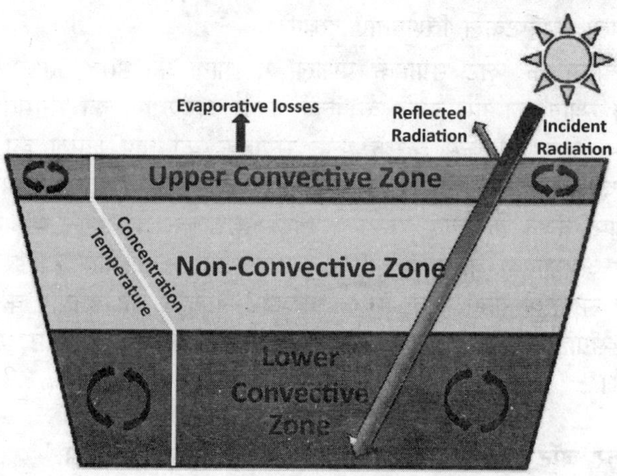

चित्र 3.3: सोलर पोंड

अनुप्रयोग: सोलर पोंड द्वारा उत्पन्न ऊष्मा के कई अनुप्रयोग हैं और यह जीवाश्म ईंधन के उपयोग को कम करने में योगदान कर सकते हैं। तालाब से निकाली गई ऊष्मा का उपयोग रसायन, भोजन, वस्त्र और अन्य औद्योगिक उत्पादों के उत्पादन के लिए किया जा सकता है। इसका उपयोग ग्रीनहाउस, स्विमिंग पूल और अन्य इमारतों और कार्यालयों को गर्म रखने के लिए भी किया जा सकता है। ऊष्मा को बिजली में भी परिवर्तित किया जा सकता है। बिजली के रूपांतरण की लागत बहुत कम और किफायती है। यह विशेष रूप से दूरस्थ स्थानों में उपयोगी है। सोलर पोंड म्युनिसिपल जल प्रणालियों के लिए पानी को विलवणीकरण के माध्यम से शुद्ध भी कर सकता है।

लाभ: सोलर पोंड के उपयोग के कई लाभ हैं। चूंकि इसमें अंतर्निर्मित तापीय ऊर्जा भंडारण है, इसलिए इसका उपयोग वर्ष भर, मौसम की स्थिति की परवाह किए बिना, दिन-रात किया जा सकता है। ग्रामीण क्षेत्रों में, कम विकसित देशों में, जहाँ बड़े तालाब बनाए जा सकते हैं, जीवाश्म ईंधन प्रौद्योगिकियों के विकल्प के रूप में सोलर पोंड विशेष रूप से आकर्षक है। सोलर पोंड से प्राप्त ऊर्जा आमतौर पर भवनों में उपयोग किए जाने वाले फ्लैट-प्लेट सोलर जल-ताप प्रणालियों (sloar water heatig system) की तुलना में अधिक किफायती होती है। चूंकि तालाब बिना किसी ईंधन को जलाए ऊष्मा ऊर्जा प्रदान करते है, यह वायु प्रदूषण नहीं करते है, साथ ही जीवाश्म ईंधन जैसे पारंपरिक ऊर्जा संसाधनों के संरक्षण में योगदान देते है।

नुकसानः सोलर पोंड में कुछ कमियाँ हैं। इसके लिए भूमि के विशाल क्षेत्रफल की आवश्यकता होती है और इसलिए, घनी आबादी वाले क्षेत्रों के लिए अनुपयुक्त हो सकते है। तालाब को खारे पानी की निरंतर और बड़ी आपूर्ति और उच्च स्तर की सौर ऊर्जा निवेश (इनपुट) की भी आवश्यकता होती है। इसके अतिरिक्त, इसे कार्यकारी स्थिति में रखने के लिए नियमित रखरखाव की बहुत आवश्यकता होती है।

हालाँकि सोलर पोंड का निर्माण कहीं भी किया जा सकता है, लेकिन उनका निर्माण उन जगहों पर करना किफायती है जहाँ सस्ता नमक, समुद्र के पानी की अच्छी आपूर्ति या भरने (filling) और प्रधावन (flushing) के लिए पानी, उच्च सौर विकिरण और कम कीमत पर भूमि उपलब्ध हो। भारत में तमिलनाडु, गुजरात, आंध्र प्रदेश और उड़ीसा के तटीय क्षेत्र सोलर पोंड के लिए आदर्श रूप से उपयुक्त हैं।

3.2.4.2 सोलर वॉटर हीटर

यह सूर्य से प्राप्त विकिरण ऊर्जा का उपयोग करके पानी गर्म करने में मदद करते है। इस उपकरण का उपयोग करके पानी 60°C से 80°C तक आसानी से गर्म किया जा सकता है। घरेलू उपयोग के लिए 100 से 300 लीटर क्षमता के सोलर वॉटर हीटर (SWH) उपयुक्त है। रेस्तरां, कैंटीन, गेस्ट हाउस, होटल, अस्पताल आदि में बड़ी क्षमता के SWH उपयोग किये जा सकते है। घरों में उपयोग होने वाले इलेक्ट्रिक गीजर को 100 लीटर क्षमता वाले SWH से बदलकर, प्रति वर्ष लगभग 1500 यूनिट बिजली बचा सकते है तथा प्रति वर्ष 1.5 टन कार्बन डाइऑक्साइड के उत्सर्जन को रोक सकते है।

सोलर वॉटर हीटर के मुख्य घटकों में शामिल हैं:

1. सौर विकिरण से ऊर्जा एकत्र करने के लिए संग्राहक
2. गर्म पानी के भंडारण के लिए ऊष्मारोधी टैंक
3. आधार संरचना
4. जोड़ने वाले पाइप और संबंधित उपकरण

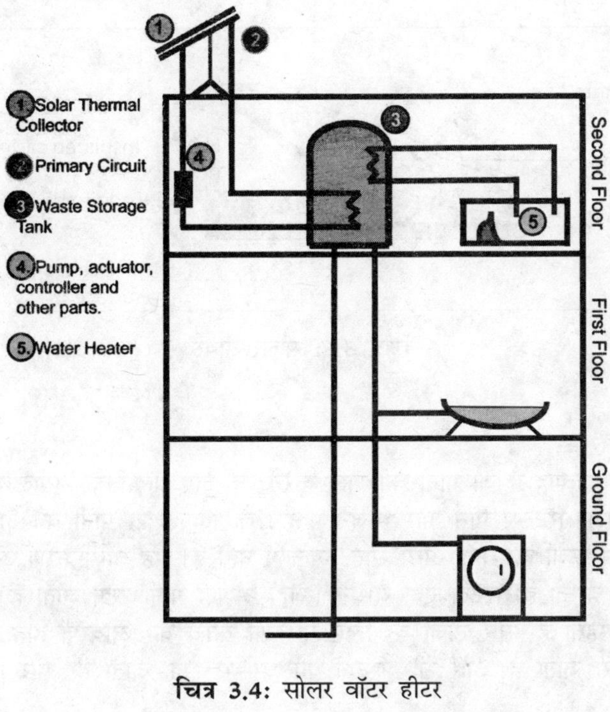

चित्र 3.4: सोलर वॉटर हीटर

सूर्य की किरणें संग्राहक प्लेट पर पड़ती हैं और संग्राहक की काली सतह द्वारा अवशोषित हो जाती हैं। अवशोषित ऊष्मा इसमें बहने वाले पानी में स्थानांतरित होती है। गर्म पानी को एक भंडारण टैंक में एकत्र किया जाता है। ऊष्मा की हानि को रोकने के लिए टैंक को इन्सुलेट किया जाता है।

सौर ऊर्जा के सबसे किफायती उपयोगों में से एक सोलर वॉटर हीटर है। प्रति वर्ष, दुनिया भर में कई हजार नए सोलर वॉटर हीटर लगाए जाते हैं। इनका उपयोग घरों, सामुदायिक केंद्रों, नर्सिंग होम, होटलों, छात्रावासों, उद्योग आदि के लिए किया जा सकता है। सौर वॉटर हीटर के उपयोग से बिजली के बिलों में काफी कमी आ सकती है। पारंपरिक वॉटर हीटर को सोलर वॉटर हीटर से बदलने से, एक घर बिजली बिल पर 70%–80% की बचत कर सकता है। सोलर वॉटर हीटर में किया गया निवेश उपयोग के आधार पर 2 से 4 वर्षों में पुनःभुगतान (payback) हो जाता हैं।

3.2.4.3 सोलर ड्रायर

सौर ऊर्जा एक जीवनक्षम (viable) वैकल्पिक ऊर्जा बन गई है और इसे विविध अनुप्रयोगों के लिए उष्मीय ऊर्जा में परिवर्तित किया जा सकता है, जैसे पानी गर्म करने, बिजली उत्पादन, खाद्य सुखाने, कृषि उत्पादों को सुखाने, विशेषकर सब्जियाँ और फल आदि। पुराने दिनों में, खाद्य पदार्थों को सुखाने के लिए धूप में खुली हवा में रखने की पारंपरिक विधि थी। हालाँकि, यह विधि कम खाद्य मात्रा के लिए प्रभावी थी, लेकिन खुली हवा में रखा खाद्य पदार्थ आसानी से दूषित हो सकता है। धूप में सुखाने से खाद्य पदार्थ सीधे सूर्य विकिरण के संपर्क में आते है, इसके विपरीत, सोलर ड्रायर में अप्रत्यक्ष सौर विकिरण का उपयोग होता है।

सोलर ड्रायर की तकनीक का सिद्धांत सोलर संग्राहक में हवा की मात्रा को गर्म करके सौर ऊर्जा एकत्र करना है और संग्राहक से संलग्न सुखाने वाले खाद्य कक्ष में गर्म हवा को स्थानांतरित करना है जहाँ सूखाने वाले खाद्य को रखा जाता है। सोलर ड्राईंग खाद्य प्रदार्थ सुखाने की अधिक स्वच्छ तकनीक है क्योंकि बारिश, धूल, कीड़े, पक्षियों आदि के माध्यम से खाद्य उत्पाद दूषित नहीं होते है। उत्पादों पर सौर विकिरण (धूप) का कोई सीधा प्रभाव नहीं है वह केवल गर्म हवा से सूखते हैं। सोलर ड्रायर खाद्य उत्पादों को बड़ी मात्रा में सुखाने के लिए तथा छोटे किसानों और खाद्य उत्पादकों के लिए उपयुक्त हैं।

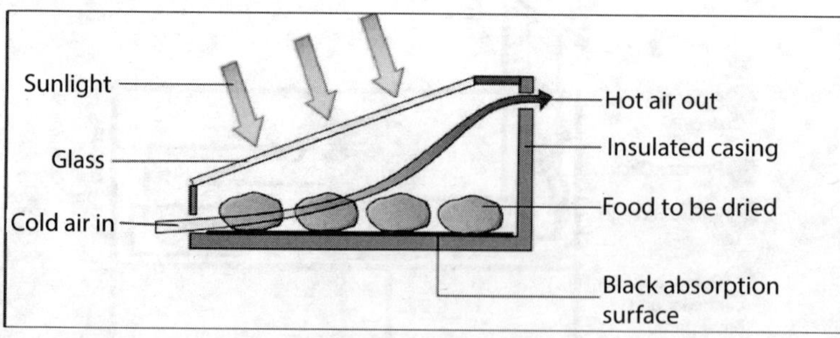

चित्र 3.5: सोलर ड्रायर

3.2.4.4 सोलर स्टिल्स

सोलर स्टिल एक हरित ऊर्जा उत्पाद है जो पानी को शुद्ध करने के लिए प्राकृतिक सूर्य ऊर्जा का उपयोग करता है। यह पर्यावरण के अनुकूल हैं, सोलर स्टिल्स पीने और भोजन पकाने के लिए शुद्ध पानी की आपूर्ति करने में सक्षम हैं, यहाँ तक कि उन क्षेत्रों में भी जहाँ ऊर्जा का कोई अन्य स्रोत उपलब्ध नहीं है। यह वाष्पीकरण और संघनन (condensation) प्रक्रिया के सिद्धांत पर काम करता है। स्टिल एक बेसिन (जहाँ अशुद्ध पानी रखा जाता है) का बना होता है, यह चारों ओर से पूरी तरह इंसुलेटेड रहता है, सौर ऊर्जा के लिए पारदर्शी काँच का आवरण होता है। सबसे पहले, शुद्ध करने वाले पानी को बेसिन में भरा जाता है, और सौर स्टिल को धूप में रखा जाता है, सौर विकिरण से ऊर्जा अवशोषित

कर पानी गर्म होने लगता है। जैसे ही पानी का तापमान बढ़ता है, तरल H_2O वाष्प में परिवर्तित हो कर काँच की छत की ओर वाष्पित हो जाता है, और अशुद्धियाँ नीचे बेसिन में रह जाती हैं। संघनन, दूसरा वैज्ञानिक सिद्धांत जिस पर सौर स्टिल्स कार्य करता है। पानी धीरे-धीरे काँच पर संघनित होता है, जिससे शुद्ध पानी की बूंदें बनती हैं। चूंकि काँच दूसरे बेसिन की ओर झुका हुआ होता है, इसलिए पानी की बूंदें साफ पानी के बेसिन में गिरती हैं। चूंकि कोई भी खनिज, बैक्टीरिया या अन्य पदार्थ शुद्ध H_2O के साथ वाष्पित नहीं हो पाते हैं, इसलिए पानी की बूंदें जो दूसरे बेसिन में प्राप्त होती हैं, शुद्ध होती हैं, और पीने और भोजन पकाने के लिए सुरक्षित होती हैं।

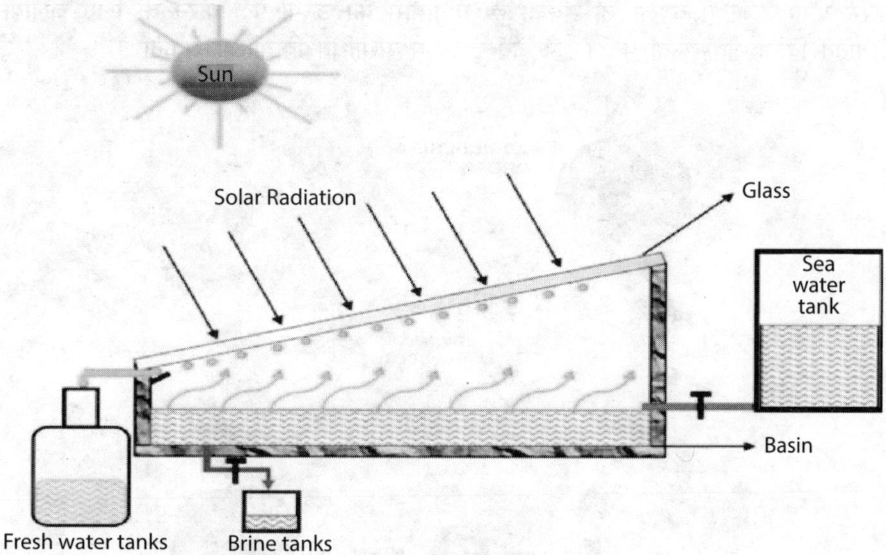

चित्र 3.6: सोलर स्टिल्स

शुद्धिकरण के अधिकांश अन्य स्रोत, जैसे वाणिज्यिक जल-बाटलिंग (Water-Botting) संयंत्र आदि में प्राय:, शुद्धिकरण प्रक्रिया के लिए पानी को उबाला जाता है। उबालने से, उसका pH मान बहुत कम हो जाता है, जिससे पानी का स्वाद बदल जाता है। जबकि सोलर स्टिल में, पानी प्राकृतिक रूप से शुद्ध होता है, जिससे pH स्तर संतुलित रहता है और इसलिए, पानी का स्वाद (taste) बना रहता है।

3.3 बायोमास

बायोमास नवीकरणीय कार्बनिक पदार्थों के द्रव्यमान (mass) को संदर्भित करता है जो जीवित जीवों से प्राप्त होता है, जिसमें पौधे, पशु और जैव रासायनिक परिप्रेक्ष्य (perspective) से सूक्ष्मजीव, सेल्युलोज, लिग्निन, शर्करा, वसा और प्रोटीन शामिल हैं। बायोमास नवीकरणीय ऊर्जा का स्रोत है। इसका उपयोग तब से होता आ रहा है, जब से मानव ने भोजन पकाने और परिवेश को गर्म रखने के लिए पहली बार लकड़ी का दहन शुरू किया। बायोमास हमेशा से मानव जाति के लिए ऊर्जा का एक प्रमुख स्रोत रहा है और एक अनुमान के अनुसार दुनिया की कुल ऊर्जा आपूर्ति में 10% से 14% योगदान बायोमास का है।

ऊर्जा के लिए उपयोग किए जाने वाले सबसे सामान्य बायोमास स्रोत पौधे, लकड़ी और जैविक अपशिष्ट हैं। हालाँकि, प्रमुख बायोमास स्रोत हैं:

1. लकड़ी और लकड़ी प्रसंस्करण (processing) अपशिष्ट: जलाऊ लकड़ी, लकड़ी के पैलेट्स, लकड़ी के चिप्स, फर्नीचर मिल से बुरादा (sawdust) और अपशिष्ट, पल्प और पेपर मिल से काली शराब।

2. कृषि फसल और अपशिष्ट पदार्थ: विभिन्न प्रकार की कृषि फसलें जैसे मक्का, सोयाबीन, गन्ना, स्विचग्रास, लकड़ी के पौधे और शैवाल, जिनमें फसल और खाद्य प्रसंस्करण अवशेष भी शामिल हैं।
3. म्युनिसिपल ठोस अपशिष्ट: इसमें कागज, कपास, ऊनी उत्पाद, भोजन और लकड़ी के अपशिष्ट शामिल हैं।
4. पशु खाद और सीवेज का पानी।

बायोमास में सूर्य से प्राप्त ऊर्जा होती है। पौधे प्रकाश संश्लेषण के माध्यम से सूर्य की ऊर्जा को अवशोषित करते हैं, और कार्बन डाइऑक्साइड और पानी को पोषक तत्वों (कार्बोहाइड्रेट) में परिवर्तित करते हैं। जीवों की इस ऊर्जा को उपयोग करने योग्य ऊर्जा में बदला जा सकता है। बायोमास को ऊष्मा पैदा करने के लिए जलाया जा सकता है, बिजली में परिवर्तित किया जा सकता है या इसे जैव ईंधन में संसाधित किया जा सकता है।

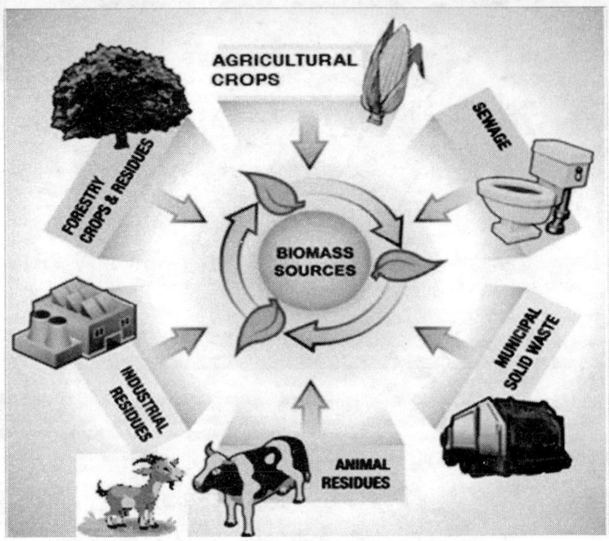

चित्र 3.7: बायोमास के स्रोत

3.3.1 ईंधन के रूप में बायोमास की ऊष्मीय विशेषताएँ

यदि आप ईंधन के लिए बायोमास का उपयोग करने की योजना बना रहे हैं, तो संभावित समस्याओं से बचने और बायोमास का प्रभावी ढंग से उपयोग करने के लिए इसकी तापीय विशेषताओं को समझना आवश्यक है। बायोमास तरल या गैसीय या ठोस ईंधन का स्रोत हो सकता है। इन ईंधनों में से सबसे अधिक ठोस ईंधन का उपयोग किया जाता है। ठोस बायोमास ईंधन की महत्वपूर्ण तापीय विशेषताओं में शामिल हैं:

- ऊष्मा मान
- नमी की मात्रा
- संघटन
- ईंधन का आकार और घनत्व

ऊष्मा मान (Heat Value): किसी ईंधन (kJ/kg) में उपलब्ध ऊष्मा की मात्रा उसके ऊष्मा मान को दर्शाती है। यह ईंधन की सबसे महत्वपूर्ण विशेषताओं में से एक है क्योंकि यह किसी विशेष ईंधन में उपलब्ध ऊर्जा की कुल मात्रा को इंगित करता है। किसी भी ईंधन में ऊष्मा मान अधिकतर ईंधन की रासायनिक संघटन पर निर्भर करता है।

ईंधन के ऊष्मा मान को उच्च ऊष्मा मान या निम्न ऊष्मा मान में व्यक्त किया जा सकता है। उच्च ऊष्मा मान (HHV) ईंधन में उपलब्ध ऊष्मा ऊर्जा की कुल मात्रा है, जिसमें निकास गैसों में निहित ऊर्जा शामिल है जबकि,

निम्न ऊष्मा मान (LHV) में निकास गैसों में निहित ऊर्जा शामिल नहीं है। आमतौर पर, HHV का उपयोग बायोमास दहन इकाई (combustor) के लिए किया जाता है। ईंधन की अंतर्निहित ऊष्मा (heat content) का आमतौर पर कोई निश्चित मान नहीं होता है। यह बहुत भिन्न हो सकती है, और किस जलवायु और मिट्टी में उगाया गया है उस पर निर्भर करता है। इसलिए, बायोमास ईंधन के ऊष्मा मान को एक निश्चित मान के बजाय एक सीमा के रूप में व्यक्त किया जाना चाहिए।

नमी की मात्रा (Moisture Content): नमी की मात्रा बायोमास ईंधन के ज्वलनशील गुण (burning property) को प्रभावित करती है। उच्च नमी की मात्रा वाले बायोमास ईंधन कम नमी वाले बायोमास ईंधन की तुलना में कम आसानी से जलते हैं, इसलिए प्रति यूनिट द्रव्यमान (mass), कम उपयोगी ऊष्मा प्रदान करते हैं। इसलिए, उच्च नमी वाले ईंधन की तुलना में कम नमी वाले ईंधन को प्राथमिकता दी जाती है। आर्द्र ईंधन (wet fuel) में अधिकांश ऊर्जा पानी को गर्म और वाष्पीकृत करने में व्यय हो जाती है। हालाँकि, अत्यधिक शुष्क ईंधन (कतल निमस) धूल जैसी समस्याएँ पैदा कर सकता है जो उपकरण को खराब करते है या इस कारण विस्फोट के खतरे भी हो सकते है।

ईंधन में नमी की मात्रा की गणना या तो आर्द्र आधार पर या शुष्क आधार पर की जा सकती है। आर्द्र आधार की गणना में, नमी की मात्रा, ईंधन में पानी के द्रव्यमान के बराबर होती है जो ईंधन के कुल द्रव्यमान से विभाजित होती है। शुष्क-आधार गणना के मामले में, नमी की मात्रा ईंधन में पानी के द्रव्यमान के बराबर होती है जो ईंधन के शुष्क हिस्से के द्रव्यमान से विभाजित होती है। व्यावहारिक रूप से, ईंधन के दहन के लिए अधिकतम आत्रश्यक नमी का स्तर लगभग 50 से 60 प्रतिशत है, जिसकी गणना आर्द्र आधार पर की जाती है।

संघटन (Composition): ऊष्मा और नमी की मात्रा के अलावा, विभिन्न जैव ईंधन के संघटन इसके निष्पादन (performance) को प्रभावित करती है। मुख्य संघटन गुणों में शामिल हैं; राख की मात्रा (ash content), स्लैगिंग और फाउलिंग (slagging – fouling) की संवेदनशीलता, और वाष्पशील प्रतिशत (percent volatiles)।

"राख की मात्रा" जैव ईंधन में गैर-दहनशील पदार्थों का द्रव्यमान अंश है। यह एक महत्वपूर्ण पैरामीटर है, जो दहन दक्षता को कम कर सकता है या राख प्रबंधन तंत्र को अवरुद्ध कर सकता है।

"स्लैगिंग और फाउलिंग (परिदूषण)" की समस्या तब उत्पन्न होती है, जब राख पिघलकर दहन उपकरण के भीतर जमा होने लगती है। ज्यादातर समय, राख पाउडर के रूप में रहती है, हालाँकि, कुछ परिस्थितियों में, राख आंशिक रूप से पिघल सकती है, तथा दहन तंत्र की सतहों (दूषण) या दहन कक्ष (स्लैगिंग/क्लिकरिंग) के तल में प्रदार्थ के कठोर टुकड़ों पर जमा हो सकती है। यह देखा गया है कि उच्च खनिज सामग्री के साथ-साथ ईंधन में गंदगी के कारण फाउलिंग और स्लैगिंग की समस्या हो सकती है। इसलिए, ईंधन को मिट्टी और अन्य दूषित पदार्थों से मुक्त रखा जाना चाहिए। राख उत्पन्न न हों, इसके लिए दहन तापमान को काफी कम रखकर स्लैगिंग और फाउलिंग को कम किया जा सकता है।

ईंधन में "वाष्पशील प्रतिशत" एक गुण है यह ईंधन के उस अंश को संदर्भित करता है जो उच्च तापमान पर गर्म करने पर वाष्पित हो गैस में बदल जाता है। "उच्च वाष्पशील" ईंधन दहन से पहले वाष्पीकृत हो जाते हैं। इसे ज्वलनशील दहन (flaming combustion) कहते हैं। यह गुण दहन कक्ष के प्रदर्शन को प्रभावित कर सकता है और बायोमास ईंधन दहन इकाई (biomass fuel combustor) को डिजाइन करते समय इसे ध्यान में रखा जाना चाहिए।

ईंधन का आकार और घनत्व: बायोमास ईंधन में कणों का आकार और घनत्व भी महत्वपूर्ण कारकों में से एक है यह इसकी तापीय विशेषताओं को प्रभावित करता है। यह दहन प्रक्रिया के दौरान गर्म करने और सुखाने की दर को प्रभावित करते हैं और इस प्रकार ईंधन दहन के गुण प्रभावित होते हैं। हैंडलिंग उपकरण का प्रकार मुख्य रूप से ईंधन के कणों के आकार पर निर्भर करता है। गलत आकार के ईंधन का दहन प्रक्रिया की दक्षता पर प्रभाव पड़ सकता है और इसके परिणामस्वरूप हैंडलिंग उपकरण जाम हो सकते हैं या क्षतिग्रस्त हो सकते हैं। छोटे आकार के ईंधन को ज्यादातर वाणिज्यिक प्रणालियों के लिए पसंद किया जाता है क्योंकि इसे स्वचालित फीड सिस्टम में उपयोग करना आसान होता है। आमतौर पर, ईंधन के आकार और घनत्व को अधिक देखा जाता है एवं सावधानी पूर्वक ईंधन के प्रकार का चयन किया जाना चाहिए।

3.3.2 अवायवीय पाचन

अवायवीय पाचन (Anaerobic Digestion) एक रासायनिक प्रक्रिया है जिसके द्वारा कार्बनिक पदार्थ जैसे पशु खाद, खाद्य अपशिष्ट, अपशिष्ट जल (waste water), जैव ठोस (bio-solids) आदि ऑक्सीजन की अनुपस्थिति में सूक्ष्मजीवों (बैक्टीरिया) द्वारा विघटित हो जाते हैं। अवायवीय पाचन प्रक्रिया के परिणाम स्वरूप बायोगैस और जैव उर्वरक का उत्पादन होता है। बायोगैस ज्यादातर कार्बन डाइऑक्साइड (CO_2) और मीथेन (CH_4) से युक्त होती है, साथ ही इसमें बहुत कम मात्रा में जल वाष्प और अन्य गैसें होती हैं। इस प्रकार उत्पादित मीथेन गैस को कार्बन डाइऑक्साइड और अन्य गैसों से अलग कर एकत्र किया जाता है, और ईंधन के रूप में भोजन पकाने या गर्म करने या बिजली उत्पन्न करने के लिए उपयोग किया जा सकता है।

अवायवीय पाचन प्रक्रिया का उपयोग म्युनिसिपल अपशिष्ट जल उपचार में भी किया जाता है। अपशिष्ट जल उपचार से उत्पादित ठोस की मात्रा को अवायवीय पाचन प्रक्रिया के माध्यम से घटाया जा सकता है जिससे इसकी निपटान लागत कम हो जाती है।

जब किसी खेत या फार्म में बड़ी संख्या में पशु होते हैं, एवं उन्हें यदि खुली भूमि, बरसाती नाले (storm sewear) आदि में ऐसे ही जाने दिया जाता है, तो परिणामस्वरुप खाद और अपशिष्ट जल के महत्वपूर्ण पर्यावरणीय प्रभाव हो सकते हैं इस प्रकार के पर्यावरण प्रदूषण को अवायवीय पाचन प्रक्रिया का उपयोग करके रोका जा सकता है जिससे अपशिष्ट की मात्रा कम होती है, उपयोगी मीथेन का उत्पादन होता है और उप-उत्पाद भी प्राप्त होता है जिसे उर्वरक के रूप में उपयोग किया जा सकता है। पशु अपशिष्ट के अलावा, कृषि से प्राप्त पेड़-पौधों के कचरे को भी अवायवीय पाचन प्रक्रिया द्वारा बायोगैस का उत्पादन करने के लिए संसाधित (process) किया जा सकता है।

अवायवीय पाचन प्रक्रिया के बाद बचा हुआ पदार्थ "डाइजेस्टेट" कहलाता है। डाइजेस्टेट एक गीला मिश्रण होता है जिसे आमतौर पर ठोस और तरल रूप में अलग किया जाता है। डाइजेस्टेट पोषक तत्वों से भरपूर होता है और इसे फसलों के लिए उर्वरक के रूप में उपयोग किया जा सकता है।

3.3.3 बायोगैस उत्पादन क्रियाविधि

बायोगैस, बायोमास द्वारा अवायवीय पाचन प्रक्रिया का उपयोग करके उत्पादित की जाती है जिसमें बहु-चरणीय जैविक और रासायनिक प्रक्रिया शामिल होती है। यह न केवल अपशिष्ट प्रबंधन बल्कि ऊर्जा निर्माण में भी लाभदायक है। बायोगैस उत्पादन प्रक्रिया में सबसे अहम भूमिका बायोमास पर पलने वाले सूक्ष्मजीवों द्वारा निभाई जाती है।

बायोगैस का उत्पादन विविध प्रकार के कच्चे माल से किया जा सकता है, जिसमें निम्न शामिल हो सकते हैं:

- उद्योग और उद्यमों से
- दुकानों से निकलने वाला खाद्य अपशिष्ट
- उपभोक्ताओं द्वारा उत्पन्न जैव अपशिष्ट
- अपशिष्ट जल उपचार संयंत्रों से निकलने वाला स्लज (आपंक)
- कृषि कचरे से उत्पन्न खाद और बायोमास

बायोमास से बायोगैस उत्पादन की क्रियाविधि में निम्नलिखित चरण शामिल हैं:

1. बायोगैस का उत्पादन जैव अपशिष्ट से होता है।
2. जैव अपशिष्ट को यथासंभव समान संगतता (consistency) बनाये रखने के लिए तोड़ा जाता (crushed) है। इस चरण में, अवांछित नॉन-बायोडिग्रेडेबल कचरे को मिश्रण से अलग किया जाता है।
3. तोडे हुए जैव अपशिष्ट को अवायवीय पाचन प्रक्रिया के लिए तैयार करने के लिए द्रव मिलाकर घोल (slurry) के रूप में बनाया जाता है।
4. बायोमास को घोल के रूप में बायोगैस प्लांट में पहुँचाया जाता है और प्री-डाइजेस्टर टैंक में पंप किया जाता है, जहाँ बैक्टीरिया द्वारा स्रावित एंजाइम बायोमास को और भी महीन कर देते हैं।

5. अगले चरण में, मिश्रण को 70ºC और उससे अधिक तापमान पर कम से कम एक घंटे तक गर्म करके बायोमास को स्वच्छ किया जाता है। इस प्रक्रिया के दौरान बायोमास में मौजूद हानिकारक बैक्टीरिया को अलग कर दिया जाता है।
6. स्वच्छता प्रक्रिया के बाद, द्रव्यमान को मुख्य बायोमास रिएक्टर में पंप किया जाता है जिसमें बायोगैस का उत्पादन होता है।
7. बायोगैस रिएक्टर में, सूक्ष्मजीवी क्रिया शुरू होती है और बायोमास किण्वन (fermentation) की क्रमिक प्रक्रिया में प्रवेश करता है। इस प्रक्रिया में, सूक्ष्मजीव कार्बनिक पदार्थों जैसे प्रोटीन, कार्बोहाइड्रेट और लिपिड पर पलते हैं, और पाचन द्वारा इन पदार्थों को मीथेन और कार्बन डाइऑक्साइड में परिवर्तित कर देते है।
8. अधिकांश कार्बनिक पदार्थ लगभग तीन सप्ताह की अवधि में बायोगैस में परिवर्तित हो जाते हैं जो मुख्य रूप से मीथेन, कार्बन डाइऑक्साइड, जल वाष्प और अन्य गैसों का मिश्रण होती है।
9. इस प्रकार उत्पन्न बायोगैस को बायोगैस रिएक्टरों के शीर्ष पर रखे हुए गोलाकार गैस धारक (spherical gas holder) में एकत्र किया जाता है।

तालिका 3.1: बायोगैस संघटन

अवायवीय पाचन में अनुमानित बायोगैस संघटन	
गैस	**सांद्रता %**
CH_4	50–70
CO_2	25–30
N_2	0–10
H_2O	0–5
H_2S	0–3
O_2	0–3
NH_3	0–0.5

3.3.4 बायोगैस का उपयोग और भंडारण

अवायवीय पाचन प्रक्रियाओं से उत्पन्न बायोगैस पर्यावरण के अनुकूल नवीकरणीय ईंधन है। लेकिन उपयोग करने से पहले इसे साफ या अपग्रेड करना महत्वपूर्ण है, मुख्य रूप से इसके ऊष्मा मान को बढ़ाने के लिए तथा गैस उपकरणों जैसे इंजन, बॉयलर आदि में उपयोग करने योग्य बनाने के लिए। बायोगैस में मुख्य रूप से 50% से 70% तक मीथेन (CH_4), 25% से 30% कार्बन डाइऑक्साइड (CO_2), अन्य गैसों के तत्व और जल वाष्प के अंश होते हैं। यह हवा की तुलना में लगभग 20% हल्की होती है और ज्वलन तापमान (ignition temperature) 650ºC से 750ºC के बीच है। यह एक गंधहीन और रंगहीन गैस है, और प्राकृतिक गैस के समान एक स्पष्ट नीली लौ के साथ जलती है।

3.3.4.1 बायोगैस का उपयोग

अवायवीय पाचन प्रक्रिया के दौरान बायोगैस का उत्पादन होता है। बायोगैस नवीकरणीय ऊर्जा का स्रोत है, जिसे विभिन्न प्रकार से उपयोग किया जाता है। देश भर के समुदाय और उद्यम निम्न के लिए बायोगैस का उपयोग करते हैं:

- यांत्रिक शक्ति, ऊष्मा और/या बिजली उत्पादन करने
- ईंधन बॉयलर और भट्टियां, हॉट वाटर सिस्टम, एयर हीटर
- वाहन चलाने के लिए
- घरों एवं अन्य व्यावसायिक केंद्रों में उपयोग के लिए आपूर्ति

प्राकृतिक गैस के लिए विकसित किए गए सभी अनुप्रयोगों में बायोगैस का उपयोग भी उपयुक्त सफाई या उन्नयन के साथ किया जा सकता है। बायोगैस के तीन मूलभूत उपयोगों को इस प्रकार वर्गीकृत किया जा सकता है:

ऊष्मा उत्पादन: बायोगैस का सबसे सीधा उपयोग तापीय (ऊष्मा) ऊर्जा के रूप में होता है। ईंधन की कमी वाले क्षेत्रों में, छोटे बायोगैस सिस्टम बुनियादी कार्यों के लिए ऊर्जा प्रदान कर सकते हैं जैसे भोजन पकाने और पानी गर्म करने। इसका उपयोग रोशनी के लिए गैस प्रकाश प्रणाली (gas lighting system) में भी किया जा सकता है।

बिजली उत्पादन: बायोगैस का उपयोग अधिकतर दहन इंजनों (combustion engines) के लिए ईंधन के रूप में किया जाता है, जो इसे यांत्रिक ऊर्जा में परिवर्तित करते है और वह फिर विद्युत जनरेटर को बिजली उत्पन्न करने के लिए शक्ति प्रदान करता है।

वाहन ईंधन: बायोगैस का उपयोग ईंधन के रूप में गैसोलीन वाहनों में किया जा सकता है बशर्ते बायोगैस को प्राकृतिक गैस की गुणवत्ता में उन्नत (अपग्रेड) किया गया हो। प्राकृतिक गैस का उपयोग करने के लिए समायोजित (adjusted) किये गए वाहनों में भी इसका उपयोग किया जा सकता है। इस श्रेणी के अधिकांश वाहन सामान्य पेट्रोल ईंधन प्रणाली के अलावा गैस टैंक और गैस आपूर्ति प्रणाली के साथ रेट्रो-फिटेड (retro-fitted) हैं। हालाँकि, केवल बायोगैस का उपयोग करने वाले वाहन, रेट्रो-फिट वाहनों की तुलना में अधिक दक्ष होते हैं।

बायोगैस को प्राकृतिक गैस पाइप लाइन के माध्यम से वितरित किया जा सकता है और पाइपलाइन गुणवत्ता मानक को पूरा करने के लिए उचित उपचार के बाद घरों और व्यावसायिक केंद्रों में उपयोग किया जा सकता है। स्वच्छ और उन्नत बायोगैस का उपयोग संपीड़ित प्राकृतिक गैस (Compressed Natural Gas) या तरलीकृत प्राकृतिक गैस (Liquified Natural Gas) के उत्पादन के लिए भी किया जा सकता है। CNG और LNG का उपयोग कारों और ट्रकों के लिए ईंधन उपलब्ध कराने के लिए किया जा सकता है।

डाइजेस्टेट वह प्रदार्थ है जो अवायवीय पाचन प्रक्रिया के बाद शेष रह जाता है। डाइजेस्टेट का फ्लावर पॉट्स, मृदा उपचार और उर्वरक आदि उत्पादों में उपयोग किया जा सकता है।

चित्र 3.8: बायोगैस का उपयोग

3.3.4.2 बायोगैस का भंडारण

बायोगैस संयंत्र की दक्षता और सुरक्षा के लिए उपयुक्त बायोगैस भंडारण प्रणाली आवश्यक है। बायोगैस का भंडारण दो मुख्य कारणों से किया जाता है:

(i) जब भी आवश्यक हो, संयंत्र स्थल पर (On-Site) उपयोग हेतु भंडारण

(ii) वितरण केंद्र या प्रणालियों के लिए भंडारण।

बायोगैस भंडारण प्रणाली बायोगैस के उत्पादन और खपत में उतार-चढ़ाव का भी ध्यान रखती है। बायोगैस भंडारण प्रणाली की दो व्यापक श्रेणियां हैं: (i) आंतरिक बायोगैस भंडारण टैंक जो एनारोबिक डाइजेस्टर (anaerobic digestor) के साथ एकीकृत होते हैं और (ii) बाहरी बायोगैस भंडारण टैंक जो एनारोबिक डाइजेस्टर से अलग होते हैं।

अनुप्रयोग के आधार पर, इसे; कम दबाव बायोगैस भंडारण, मध्यम दबाव बायोगैस भंडारण, और उच्च दबाव बायोगैस भंडारण के रूप में भी वर्गीकृत किया जा सकता है।

कम दबाव बायोगैस भंडारण: यह ऑन-साइट अनुप्रयोगों और बायोगैस के मध्यवर्ती भंडारण के लिए उपयोग की जाने वाली सबसे सरल और कम खर्चीली भंडारण प्रणाली है। यह प्रणाली 2 psi से नीचे के निम्न दाब पर संचालित होती है। डाइजेस्टर फॉर्म पर तैरता हुआ बायोगैस भंडारण टैंक इसी श्रेणी में आता है। यह स्टील, फाइबर ग्लास या एक लचीले कपड़े की सामग्री से बना होता है। इन गैस धारकों के लिए आमतौर पर उपयोग की जाने वाली लचीले कपड़े की सामग्री में उच्च घनत्व पॉलीथीन (HDPE), कम घनत्व पॉलीथीन (LDPE) और रैखिक कम घनत्व पॉलीथीन (LLDPE) शामिल हैं। कभी-कभी, डाइजेस्टेट और कच्चे बायोगैस के भंडारण के लिए फ्लोटिंग गैस होल्डर के साथ एक अलग टैंक भी स्थापित किया जाता है।

मध्यम दबाव बायोगैस भंडारण: बायोगैस को मध्यम दबाव (2 psi और 200 psi के बीच) के बायोगैस भंडारण में भी संग्रहित किया जा सकता है। हालाँकि, इन टैंकों से जुड़ी सुरक्षा, स्क्रबिंग और उच्च रखरखाव की अतिरिक्त आवश्यकताएँ इन्हें और अधिक महंगा बनाती हैं। टैंक के घटकों के क्षरण को रोकने के लिए और सुरक्षित संचालन सुनिश्चित करने के लिए, पहले बायोगैस से H_2S को अलग कर साफ किया जाता है। इन टैंकों में H_2S, नमी और CO_2 को हटाकर बायोगैस को बायो-मीथेन में अपग्रेड कर भंडारण किया जाता है। हालाँकि, साफ की गई बायोगैस को भंडारण से पहले थोड़ा संकुचित किया जाना चाहिए।

उच्च दबाव बायोगैस भंडारण: इस प्रकार के भंडारण में बायो-मीथेन का भंडारण किया जाता है। बायो-मीथेन बायोगैस की तुलना में कम संक्षारक (corrosive) है, साथ ही ईंधन के रूप में अधिक मूल्यवान है। आमतौर पर, ऐसे ईंधन का उत्पादन ऑन-साइट मांग से अधिक होता है; इसलिए बायो-मीथेन को भविष्य में उपयोग के लिए संग्रहित किया जाना चाहिए। इसे आमतौर पर या तो संपीड़ित बायो-मीथेन (CBM) या तरलीकृत बायो-मीथेन (LBM) के रूप में संग्रहीत किया जाता है। इसे 2000 psi से 5000 psi के बीच उच्च दबाव रेंज में संग्रहित किया जाता है।

3.4 पवन ऊर्जा

वर्तमान में, नवीकरणीय ऊर्जा वैकल्पिक ऊर्जा स्रोत के लिए पहली पसंद बन गई है। यह मुख्य रूप से ऊर्जा के पारंपरिक स्रोत अर्थात जीवाश्म ईंधन के दहन से उत्पन्न प्रदूषण के कारण है। जीवाश्म ईंधन नवीकरणीय स्रोत नहीं हैं, इसलिए इसके निरंतर दोहन से यह पूरी तरह से समाप्त हो सकते है। इसलिए, ऊर्जा के नवीकरणीय स्रोत एक स्पष्ट विकल्प के रूप में सामने आये है। सभी उपलब्ध नवीकरणीय स्रोतों में, पवन और सौर ऊर्जा दुनिया भर में लगभग 90% का योगदान करते है।

चित्र 3.9: पवन ऊर्जा (पवनचक्की)

पवन ऊर्जा वायुमंडलीय वायु की गति से जुड़ी गतिज ऊर्जा (kinetic energy) है। यह हमारे वातावरण में प्राकृतिक हवा की गति को यांत्रिक ऊर्जा में परिवर्तित करती है। इसे विंड टरबाइन या पवन ऊर्जा रूपांतरण प्रणाली का उपयोग करके विद्युत ऊर्जा में परिवर्तित किया जाता है। हवा पहले एक टर्बाइन ब्लेड से टकराती है, जिससे ब्लेड घुमती हैं और उनसे जुड़े टरबाइन को घुमाती हैं। टर्बाइन शाफ्ट एक जनरेटर से जुड़ा होता है, जो विद्युत चुंबकत्व सिद्धांत के माध्यम से बिजली का उत्पादन करता है। हवा से उत्पन्न होने वाली बिजली की मात्रा टरबाइन के आकार और उसके ब्लेड की लंबाई पर निर्भर करती है।

3.4.1 पवन ऊर्जा की वर्तमान स्थिति और भविष्य की संभावनाएँ

पवन ऊर्जा प्रौद्योगिकी तेजी से बढ़ती नवीकरणीय ऊर्जा प्रौद्योगिकियों में से एक है। ऊर्जा के पारंपरिक स्रोत के उपयोग से जुड़े विभिन्न पर्यावरणीय समस्यायों को देखते हुए, अधिकांश उपयोगकर्ता कार्बन फुट प्रिंट और उत्सर्जन को कम करने के साथ ऊर्जा के वैकल्पिक और स्थायी स्त्रोत की तलाश करने के लिए बहुत दबाव में हैं।

विश्व स्तर पर पवन ऊर्जा की उत्पादन क्षमता बहुत तेजी से बढ़ रही है। यह वर्ष 1997 में 7.5 गीगावाट (GW) से कई गुना बढ़कर वर्ष 2018 तक 598 GW हो गई है। वर्ष 2019 में यह 7% बढ़ कर, 645 GW क्षमता तक पहुँच गई। वर्ष 2009 से 2013 के मध्य पवन ऊर्जा का उपयोग कर बिजली उत्पादन दोगुना हो गया है और वर्ष 2016 में, पवन ऊर्जा का उपयोग अन्य सभी नवीकरणीय ऊर्जा स्रोतों से उत्पन्न बिजली का 16% हो गया। दुनिया भर में रिन्यूएबल के क्षेत्र में नौकरियों की संख्या में काफी वृद्धि हुई है और वर्ष 2018 में 11 मिलियन से अधिक लोगों को रोजगार प्राप्त हुआ है। रोजगार उत्पन्न करने में चीन, यूरोपीय संघ, ब्राजील, अमेरिका और भारत सूची में सबसे ऊपर थे।

हाल के वर्षों में, पवन ऊर्जा स्थापना (installation) में कई गुना वृद्धि हुई है। पवन ऊर्जा उत्पादन प्रणालियों में विकास और प्रगति को तेजी से अद्यतन किया जाता है और इसलिए यह विश्वव्यापी रुचि को आकर्षित करती है। वैश्विक पवन ऊर्जा परिषद (Global Wind Energy Council) का सुझाव है कि पवन ऊर्जा प्रणाली वर्ष 2030 तक बिजली की वैश्विक मांग का 20% प्रदान कर सकती है। परिषद के अनुसार वर्ष 2030 तक कुल बिजली उत्पन्न क्षमता 2110 GW तक पहुँच सकती है। यह भी अपेक्षा है कि पवन ऊर्जा की स्थापना कीमत (installation cost) में भारी कमी आएगी, जिसके परिणामस्वरूप पवन ऊर्जा प्रणालियों को आर्थिक रूप से प्रतिस्पर्धी बनाया जा सकेगा। इलेक्ट्रिक वाहनों के साथ-साथ सार्वजनिक परिवहन की बढ़ती मांग के कारण, भविष्य में बिजली की मांग कई गुना बढ़ सकती है। अंतर्राष्ट्रीय ऋणदाताओं के विशेष समर्थन ने हाल ही में विकासशील देशों में पवन ऊर्जा के उपयोग को तेज किया है।

पवन ऊर्जा की क्षमता वर्ष 2050 तक वैश्विक बिजली उत्पादन का 20% प्रदान करने के लिए, विभिन्न शोध कार्य प्रारंभ किये गए है। इस संबंध में, वैश्विक पवन ऊर्जा परिषद (GWEC) ने वर्ष 2050 तक 5.8 TW पवन ऊर्जा की परिकल्पना की है। GWEC ने अनुमान लगाया है कि चीन वर्ष 2050 तक 1789 GW पवन ऊर्जा के साथ दुनिया का सबसे बड़ा बाजार बना रहेगा। भारत में 452 GW पवन ऊर्जा उत्पन्न होने की भविष्यवाणी की गई है। वर्तमान में भारत के पास पवन ऊर्जा की कुल स्थापित क्षमता 39.25 गीगावाट (31 मार्च 2021 तक) है, जो दुनिया में चौथी सबसे बड़ी पवन ऊर्जा की स्थापित क्षमता है।

3.4.2 भारत में पवन ऊर्जा

भारत का पवन ऊर्जा क्षेत्र निरंतर प्रगति कर रहा है। इसका नेतृत्व स्वदेशी पवन ऊर्जा उद्योग द्वारा किया जाता है। भारत में पवन ऊर्जा उद्योग की निरंतर प्रगति और विस्तार के परिणामस्वरूप पारिस्थितिकी तंत्र का संरक्षण हुआ। इसकी परियोजना संचालन क्षमताओं और विनिर्माण के आधार को बढ़ाकर लगभग 10,000 मेगावाट प्रति वर्ष कर दिया गया है। भारत, वर्तमान में 39.25 GW (मार्च 2021 तक) की कुल स्थापित क्षमता के साथ दुनिया में चौथी सबसे अधिक स्थापित पवन क्षमता वाला देश है। भारत ने वर्ष 2020-21 के दौरान लगभग 60.149 बिलियन यूनिट का उत्पादन भी किया है। वर्ष 2010 और 2020 के बीच पवन उत्पादन के लिए चक्रवृद्धि वार्षिक वृद्धि दर (compoundAnnual growth rate) 11.39% रही है, और स्थापित क्षमता के लिए, यह 8.78% रही है।

सरकार निजी क्षेत्र के निवेश के माध्यम से पूरे देश में पवन ऊर्जा परियोजनाओं को बढ़ावा दे रही है। भारत सरकार विभिन्न राजस्व (fiscal) और वित्तीय प्रोत्साहन (financial incentives) जैसे त्वरित मूल्यह्रास लाभ (accelerated depreciatuion benefit); पवन विद्युत जनरेटर के कुछ घटकों पर रियायती सीमा शुल्क (concessional custom duty) में छूट प्रदान करके निजी क्षेत्रों को सहायता प्रदान कर रही है। इसके अलावा, 31 मार्च 2017 से पहले प्रारम्भ की गई पवन परियोजनाओं के लिए उत्पादन आधारित प्रोत्साहन (Generation Based Incentives) योजना उपलब्ध थी।

ऊपर उल्लेखित सुविधाओं के अलावा, पवन ऊर्जा उत्पादन सुविधाओं की स्थापना को बढ़ावा देने के लिए निम्नलिखित कदम भी उठाए गए हैं:

1. राष्ट्रीय पवन ऊर्जा संस्थान, चेन्नई की सहायता से संभावित स्थलों की पहचान और पवन संसाधन मूल्यांकन (wind resource assessment) सहित तकनीकी सहायता प्रदान करना।
2. अंतर-राज्यीय संचरण शुल्क (transmission charges) और हानि (lossess) को माफ कर दिया गया है, जिससे कि पवन ऊर्जा की अंतर-राज्यीय बिक्री को सुगम बनाया जा सके। हालाँकि, इस सुविधा का लाभ उठाने के लिए, पवन ऊर्जा परियोजना को मार्च 2022 तक शुरू करने की आवश्यकता है।
3. पवन ऊर्जा की खरीद के लिए एक ढांचा प्रदान करने के उद्देश्य से ग्रिड से जुड़ी पवन ऊर्जा परियोजनाओं से बिजली की खरीद के लिए बोली (बिडिंग) की पारदर्शी प्रक्रिया के माध्यम से, टैरिफ आधारित प्रतिस्पर्धी बिडिंग प्रक्रिया के लिए दिशानिर्देश जारी किए गए हैं।
4. बिडिंग प्रक्रिया को मानकीकृत (standardised) किया गया है और विभिन्न हितधारकों की भूमिकाएँ और जिम्मेदारियों को भी स्पष्ट रूप से परिभाषित किया गया है।
5. यह दिशानिर्देश, प्रतिस्पर्धी दरों और कम लागत पर पवन ऊर्जा की खरीद के लिए लाइसेंस वितरण की सुविधा के उद्देश्य से प्रदान किए गए हैं।

चित्र 3.10: भारत में पवन ऊर्जा

भारत में पवन ऊर्जा की क्षमता:

पवन ऊर्जा के संभावित स्थलों के चयन के लिए व्यापक पवन संसाधन मूल्यांकन आवश्यक है क्योंकि यह एक अनिरंतर (intermittent) और स्थल विशेष (site specific) आधारित संसाधन है। सरकार ने राष्ट्रीय पवन ऊर्जा संस्थान (NIWP), चेन्नई के माध्यम से पूरे देश में 800 से अधिक पवन-निगरानी स्टेशन स्थापित किए हैं और जमीनी स्तर से 50 मीटर, 80 मीटर, 100 मीटर और 120 मीटर ऊपर पवन संभावित मानचित्र (Wind Potential Map) जारी किए हैं। ताजा आकलन देश में 302.25 GW की सकल पवन ऊर्जा क्षमता को 100 मीटर और 695.50 GW जमीनी स्तर से 120 मीटर ऊपर इंगित करता है। पवन ऊर्जा क्षमता का अधिकांश भाग सात हवा वाले राज्यों (windy states) में है जैसा कि नीचे दिया गया है:

तालिका 3.2: भारत में पवन ऊर्जा का संभावित वितरण

क्रम संख्या	राज्य	100 मीटर पर पवन क्षमता (GW)	120 मीटर पर पवन क्षमता (GW)
1	गुजरात	84.43	142.56
2	राजस्थान	18.77	127.75
3	महाराष्ट्र	45.39	98.21
4	तमिलनाडु	33.79	68.75
5	मध्य प्रदेश	10.48	15.40
6	कर्नाटक	55.85	124.15
7	आंध्र प्रदेश	44.22	74.90
	कुल 7 हवा वाले राज्य	292.97	651.72
8	अन्य	9.28	43.78
	कुल	**302.25**	**695.50**

3.4.3 पवन ऊर्जा के पर्यावरणीय लाभ और समस्याएँ

पवन ऊर्जा के पर्यावरणीय लाभ अधिक स्पष्ट हैं बजाय समस्या के। मुख्य पर्यावरणीय लाभ में शामिल हैं:

- पवन एक असीमित, स्वतंत्र रूप से उपलब्ध नवीकरणीय संसाधन है। इसलिए, यह एक स्थायी तकनीक है।
- चूंकि हवा प्राकृतिक रूप से प्राप्त संसाधन है, हवा की गतिज ऊर्जा का संचयन किसी भी प्रकार से पवन चक्रों (wind cycles) की धाराओं को प्रभावित नहीं करते है।
- यह बिजली पैदा करने का एक स्वच्छ, गैर-प्रदूषणकारी तरीका है।
- अन्य प्रकार के बिजली संयंत्रों के विपरीत, यह वायु प्रदूषक या ग्रीनहाउस गैसों का उत्सर्जन नहीं करता है। पवन टर्बाइन हवा की गतिज ऊर्जा का उपयोग करके हानिरहित बिजली उत्पन्न करते हैं।
- जीवाश्म ईंधन का दहन करने की तुलना में, पवन ऊर्जा बिजली उत्पन्न करने के लिए कहीं अधिक पर्यावरण के अनुकूल है।
- टर्बाइन और ऊर्जा केंद्र एक बार स्थापित हो जाने के बाद, टर्बाइन की रखरखाव लागत और पवन ऊर्जा का उत्पादन न्यूनतम होता है।
- पवन ऊर्जा टर्बाइन को जहाँ आवश्यक हो वहाँ रखा जा सकता है इसमें बहुत कम जगह की आवश्यकता होती है।

पवन ऊर्जा की समस्याएँ:

पवन ऊर्जा की प्रमुख समस्या टर्बाइन और पवन सुविधाओं के निर्माण की अधिक प्रारंभिक लागत है अन्य समस्याओं में निम्नलिखित शामिल हो सकते हैं:

- पवन ऊर्जा टर्बाइन का विशाल आकार दर्शकों को सुंदर परिवेश से वंचित करता है।
- पवन टर्बाइन उड़ने वाले पक्षियों के लिए खतरनाक हो सकते हैं। उड़ते हुए कई पक्षी और चमगादड़ रोटर्स से टकराकर मारे जाते हैं।
- आमतौर पर पवन टरबाइन सुदूर क्षेत्रों में स्थित होते हैं। इसलिए, टर्बाइन पर यात्रा और रखरखाव की लागत बढ़ जाती है और इसमें समय लगता है।

- अपतटीय पवन टर्बाइन को नावों की आवश्यकता होती है और प्रबंधन के लिए खतरनाक हो सकता है।
- पवन टरबाइन बहुत अधिक शोर उत्पन्न करते हैं जो अप्रिय हो सकता है।
- अंधेरे में/रात में आने वाली नावों के लिए पवन टर्बाइन को देखने में मुश्किल होने पर टकराव की संभावना हो सकती है।

3.5 नए ऊर्जा स्रोत

जीवाश्म ईंधन (कोयला, तेल और प्राकृतिक गैस) बिजली उत्पादन के हमारे सबसे पारंपरिक स्रोत है। इसलिए, जीवाश्म ईंधन के अलावा किसी अन्य स्रोत से उत्पादित ऊर्जा को नई ऊर्जा या वैकल्पिक ऊर्जा कहा जा सकता है। वर्तमान में, हम ज्यादातर बिजली उत्पादन के लिए जीवाश्म ईंधन पर निर्भर हैं, जिससे इन सीमित संसाधनों का ह्राष हो रहा है। इसलिए, यदि हम अभी सावधान नहीं होंगे, तो हमारे कीमती, अनवीकरणीय (non-renewable) संसाधन जल्द ही समाप्त हो सकते हैं, इसका मतलब है कि अब और तेल, प्राकृतिक गैस और यहाँ तक कि कोयला भी नहीं होगा। साथ ही, बिजली संयंत्रों में जीवाश्म ईंधन के दहन से हमारे पर्यावरण पर प्रतिकूल प्रभाव पड़ता है। जीवाश्म ईंधन के दहन से उत्पन्न विभिन्न प्रकार के प्रदूषण के कारण पूरा पारिस्थितिकी तंत्र नष्ट हो जाता है। इसलिए, उपरोक्त सभी समस्याओं को दूर करने के लिए नए ऊर्जा स्रोतों की आवश्यकता है।

3.5.1 विभिन्न प्रकार के नए ऊर्जा स्रोत

नए ऊर्जा स्रोत नवीकरणीय या अनवीकरणीय प्रकार के हो सकते हैं। नवीकरणीय ऊर्जा स्रोत प्राकृतिक रूप से उपलब्ध ऊर्जा स्रोतों जैसे सूर्य, वायु और जल से प्राप्त होते हैं। इन स्रोतों को नवीकरणीय या स्थायी के रूप में संदर्भित किया जाता है क्योंकि प्राकतिक रूप से निरंतर होने वाला नवीनीकरण उन्हें अक्षय बनाता है। ऊर्जा के नए स्रोत अनवीकरणीय श्रेणी के अंतर्गत आते हैं; उदाहरण के लिए, परमाणु ऊर्जा स्रोत। परमाणु ऊर्जा संयंत्रों में नाभिकीय संलयन (nuclear fusion) उत्पन्न करने के लिए प्रयुक्त प्रदार्थ आमतौर पर दुर्लभ प्रकार का यूरेनियम है, जो अनवीकरणीय है।

सबसे अधिक उपयोग किए जाने वाले आठ (08) नए ऊर्जा स्रोत हैं:

1. **पवन ऊर्जा:** पवन चक्की संयंत्र (Wind Farm) में, हवा के प्रवाह को टर्बाइन के उपयोग द्वारा बिजली में परिवर्तित करते है।
2. **सौर ऊर्जा:** सौर ऊर्जा का उपयोग सीधे सूर्य के प्रकाश के माध्यम से उत्सर्जित विकिरण ऊर्जा से किया जाता है और इसे ऊष्मा, बिजली या गर्म पानी में परिवर्तित किया जाता है।
3. **जलविद्युत ऊर्जा:** जलविद्युत (Hydroelectric) ऊर्जा ज्यादातर बांधों में उत्पन्न होती है। बांध स्थल में स्थित टर्बाइनों से पानी बहता है और बिजली उत्पन्न होती है।
4. **भू-तापीय ऊर्जा:** भू-तापीय (Geo-Thermal) ऊर्जा गर्म पानी और वाष्प के भूमिगत जलाशय के दोहन से उत्पन्न होती है। इमारतों को गर्म करने और ठंडा करने के उद्देश्य से भू-तापीय बिजली का सीधे इस्तेमाल किया जा सकता है।
5. **जैव ऊर्जा:** जैव ऊर्जा (Bio-Energy) कार्बनिक पदार्थों से उत्पन्न होती है, जिन्हे बायोमास या बायोफ्यूल के रूप में जाना जाता हैं। बायोगैस, अवायवीय पाचन प्रक्रिया से उत्पन्न होती हैं एवं बिजली उत्पन्न करने के लिए प्रयोग किया जाता है।
6. **नाभिकीय ऊर्जा:** नाभिकीय (Nuclear) ऊर्जा परमाणुओं की विखंडन प्रक्रिया के माध्यम से ऊष्मा के रूप में निर्मित होती है।
7. **हाइड्रोजन ऊर्जा:** हाइड्रोजन का उपयोग स्वच्छ जलने वाले ईंधन के रूप में किया जाता है क्योंकि यह कम प्रदूषक उत्पन्न करता है जिससे वातावरण स्वच्छ रहता है।

8. **महासागरीय ऊर्जा:** महासागरीय (ocean) ऊर्जा का तात्पर्य समुद्र से प्राप्त सभी प्रकार की ऊर्जा से है। महासागरों की लहरों, ज्वारों और धाराओं की गति में ऊर्जा होती है जिसका दोहन कर बिजली में परिवर्तित कर घरों, इमारतों और शहरों को रोशन किया जा सकता हैं। महासागर ऊर्जा पर्यावरण के अनुकूल और ऊर्जा का नवीकरणीय स्रोत है।

3.5.2 हाइड्रोजन ऊर्जा के अनुप्रयोग

हाइड्रोजन एक प्रोटॉन और एक इलेक्ट्रॉन के साथ, पृथ्वी पर सबसे सरल और प्रचुर मात्रा में उपलब्ध तत्व है। लेकिन यह प्रकृति में स्वयं अस्तित्व में नहीं है और उस स्रोत से उत्पन्न होता है जिनमें यह होता है जैसे; बायोमास, सौर ऊर्जा, पवन ऊर्जा, प्राकृतिक गैस इत्यादि। हाइड्रोजन ऊर्जा स्रोत नहीं है बल्कि यह एक ऊर्जा वाहक है और यह असीम ऊर्जा का भंडारण या वितरण कर सकता है इसका उपयोग ईंधन सेल (fuel cell) में बिजली, या शक्ति और ऊष्मा उत्पन्न करने के लिए किया जा सकता है। हाइड्रोजन एक स्वच्छ ईंधन है और ईंधन सेल में उपयोग करने पर केवल बिजली, ऊष्मा, गर्मी और पानी उत्पन्न करता है। लगभग सभी क्षेत्रों में हाइड्रोजन और ईंधन सेल के अनुप्रयोगों की एक विस्तृत श्रृंखला है जैसे; परिवहन, औद्योगिक, आवासीय आदि। इसके अलावा, यह ट्रकों, विमानों, रेल, जहाजों, कारों, बसों आदि के लिए बिजली प्रदान कर सकता है। हाइड्रोजन और ईंधन सेल के कई अनुप्रयोगों में ग्रीनहाउस गैस उत्सर्जन कम करने की क्षमता है।

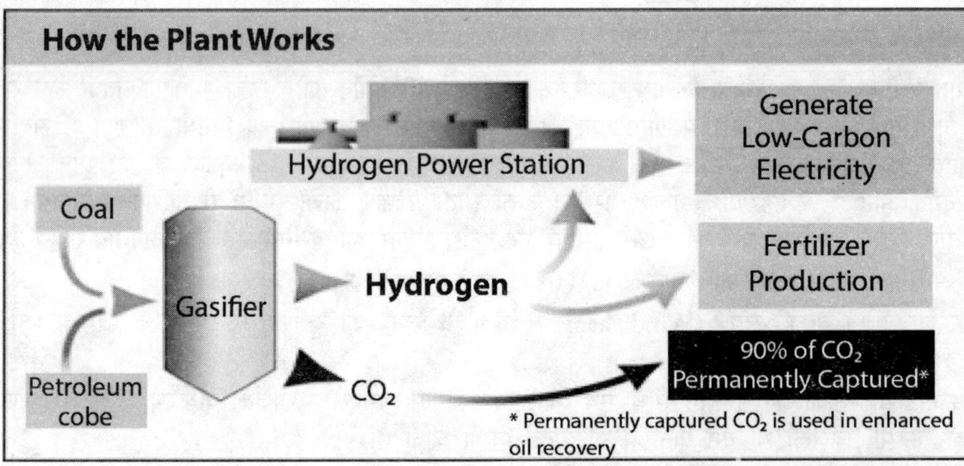

चित्र 3.11: हाइड्रोजन ऊर्जा

3.5.3 महासागरीय ऊर्जा संसाधन के अनुप्रयोग

महासागर पृथ्वी के क्षेत्रफल के 70% भाग पर है, जिससे वे दुनिया के सबसे बड़े सौर संग्राहक बन जाते हैं। समुद्र में अंतर्निहित ऊष्मा का एक छोटा सा हिस्सा ही पूरी दुनिया को ऊर्जा प्रदान कर सकता है। समुद्र से मुख्यत: दो प्रकार की ऊर्जा प्राप्त की जा सकती है; तापीय ऊर्जा और यांत्रिक ऊर्जा।

तापीय ऊर्जा (Thermal Energy): इसे समुद्र सतह के गर्म पानी और गहराई के ठंडे पानी के तापमान के अंतर से दोहन किया जाता है। महासागर में तापीय ऊर्जा के दोहन की तकनीकी अवधारणा को सार्वभौमिक रूप से "महासागर तापीय ऊर्जा रूपांतरण (Ocean Thermal Energy Conversion)" कहा जाता है और वर्तमान में यह विकास के चरण में है। OTEC सतह के गर्म पानी और गहराई के ठंडे पानी के तापमान के अंतर को ऊर्जा में परिवर्तित करता है। ठंडे पानी के जोन की गहराई सतह से लगभग 1000 मीटर नीचे है। ओटीईसी पावर चक्र के संतोषजनक रूप से संचालित

करने के लिए पानी के तापमान में न्यूनतम 20°C का अंतर आवश्यक है। तापीय ऊर्जा संसाधन कुछ क्षेत्रों पर केंद्रित है। इस क्षेत्र में संयुक्त राज्य अमेरिका और ऑस्ट्रेलिया सहित लगभग 66 विकासशील देश स्थित हैं। महासागरीय तापीय ऊर्जा का उपयोग बिजली उत्पन्न करने के लिए किया जाता है।

यांत्रिक ऊर्जा (Mechanical Energy): यह स्थितिज उर्जा और गतिज ऊर्जा दोनों से युक्त होती है, जिसे समुद्र के ज्वार, लहरों और धाराओं से दोहन किया जाता है। महासागरीय यांत्रिक ऊर्जा, महासागरीय तापीय ऊर्जा से बहुत भिन्न होती है। ज्वार, लहरें और धाराएं ऊर्जा के अनिरंतर स्रोत हैं जबकि; महासागरीय तापीय ऊर्जा सतत है। तीनों ऊर्जा स्रोतों से बिजली रूपांतरण में आमतौर पर यांत्रिक उपकरण शामिल होते हैं।

ज्वारीय ऊर्जा रूपांतरण (Tidal Energy Conversion): सूर्य-चंद्रमा-पृथ्वी तंत्र की परस्पर क्रिया के कारण ज्वार बनते है। ज्वार-भाटा का उठना और गिरना मुख्य रूप से पृथ्वी के साथ चंद्रमा के गुरुत्वाकर्षण और अपकेंद्री बलों का परिणाम है। निम्न और उच्च ज्वार के स्तर के अंतर का उपयोग बिजली पैदा करने के लिए किया जाता है। यह तकनीक पारंपरिक जलविद्युत संयंत्रों में उपयोग की जाने वाली तकनीक के समान है। ज्वारीय ऊर्जा के उपयोग के लिए उथले क्षेत्र में एक बैराज (बाँध) की आवश्यकता होती है, जहाँ निम्न और उच्च ज्वार के स्तर में कम से कम 5 मीटर का अंतर होना चाहिए। बाढ़ के ज्वार के साथ प्रतिदिन जल स्तर बढ़ने पर ज्वार बेसिन में भर जाता है और जल स्तर गिरने पर खाली हो जाता है। बैराज में स्लुइस गेट के साथ लो-हेड टर्बाइन लगाए जाते हैं जो बैराज के एक तरफ से पानी के प्रवाह को ज्वारीय बेसिन के अंदर जाने देते हैं। ऊंचाई में अंतर से हाइड्रोस्टेटिक हेड (hydrostatic head) बनता है जो विद्युत टर्बाइनों के माध्यम से बिजली उत्पन्न करता है।

3.5.4 भू-तापीय ऊर्जा की अवधारणा, उत्पत्ति और बिजली संयंत्र

जियोथर्मल (Geo-Thermal) शब्द ग्रीक शब्द जियो से आया है जिसका अर्थ है पृथ्वी और थर्म का अर्थ है ताप। भू-तापीय ऊर्जा मूल रूप से पृथ्वी के भीतर संग्रहित ऊष्मा है। पूरी दुनिया में लोग भू-तापीय ऊर्जा का उपयोग मुख्य रूप से इमारतों को गर्म करने और बिजली उत्पन्न करने के लिए करते हैं।

3.5.4.1 भू-तापीय ऊर्जा की अवधारणा और उत्पत्ति

प्राचीन काल में रोमन, चीनी और अमेरिकी मूल-निवासियों सहित मनुष्यों ने स्नान, भोजन पकाने और गर्म करने के उद्देश्य से प्राकृतिक तालों और झरनों के गर्म खनिज पानी का उपयोग किया है। प्रारंभ में, भू-तापीय ऊर्जा के ऐसे उपयोग उन स्थानों तक सीमित थे जहाँ गर्म पानी और वाष्प सुलभ थे।

पृथ्वी का सबसे गर्म भाग जिसे कोर कहा जाता है, सतह से लगभग 2900 किलोमीटर नीचे स्थित है। पृथ्वी की अधिकांश ऊष्मा रेडियोधर्मी समस्थानिकों (Isotopes) के क्षय से निरंतर उत्पन्न होती है। कोर का तापमान 5000°C से अधिक होता है। कोर से प्रसारित ऊष्मा चट्टानों, जल, गैस और अन्य भूगर्भीय प्रदार्थो को गर्म कर रही है। यदि भूमिगत चट्टानें लगभग 700°C-1300°C तापमान तक गर्म हो जाती है तब वे आंशिक रूप से पिघल कर मैग्मा बन जाती हैं। मैग्मा आस-पास की चट्टानों और भूमिगत जलभृतों (aquifers) को गर्म करता है। इन गर्म जलभृतों से गर्म पानी, गीजर, हॉट स्प्रिंग्स, स्टीम वेंट (वाष्प छिद्रो) और मडपॉट्स के माध्यम से छोड़ा जा सकता है। यह भू-तापीय ऊर्जा के स्रोत हैं। इनकी गर्मी को कैप्चर किया जा सकता है और संरचनाओं जैसे; भवनों, वाहन पार्किंग क्षेत्र इत्यादि को गर्म करने के लिए सीधे उपयोग किया जा सकता है।

भू-तापीय ऊष्मा का वितरण वर्ष 1892 में संयुक्त राज्य अमेरिका के आवासों में किया गया था। हालाँकि, भू-तापीय ऊर्जा के महत्व और आर्थिक क्षमता को 19 वीं शताब्दी के अंत में ही समझा गया था। वर्ष 1958 में न्यूजीलैंड में और वर्ष 1960 में उत्तरी कैलिफोर्निया के गीजर्स नामक स्थान में भू-तापीय बिजली संयंत्रों को चालू किया गया था। 21वीं सदी की शुरुआत में, यूनाइटेड स्टेट्स, मैक्सिको, इटली, न्यूजीलैंड सहित 24 देशों ने बिजली उत्पादन के लिए

भू-तापीय ऊर्जा का उपयोग किया। वर्ष 2016 में, भू-तापीय ऊर्जा के उपयोग द्वारा विद्युत ऊर्जा उत्पादन में दुनिया भर में कुल स्थापित क्षमता लगभग 13,400 मेगावाट थी।

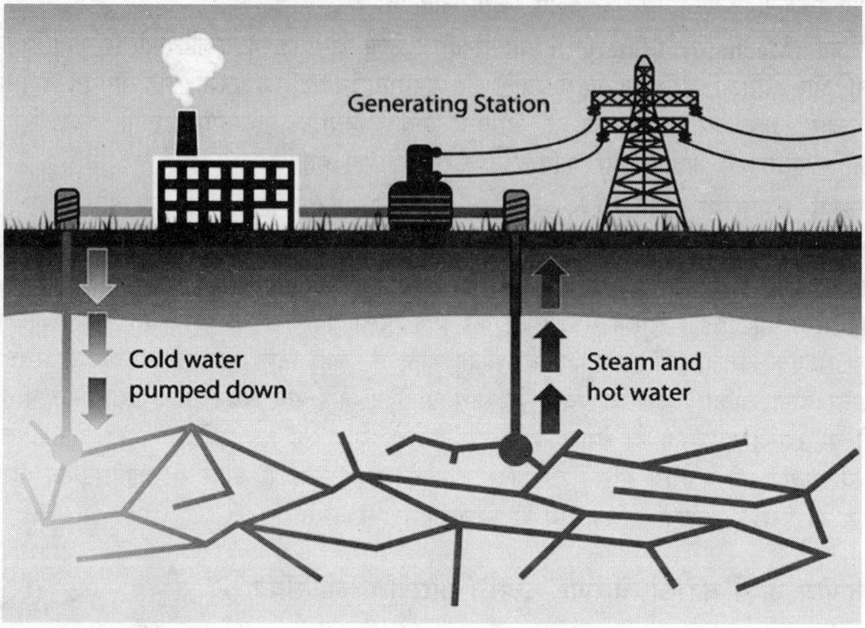

चित्र 3.12: भू-तापीय ऊर्जा

3.5.4.2 भू-तापीय ऊर्जा के विद्युत संयंत्र

भू-तापीय ऊर्जा संयंत्रों में बिजली उत्पन्न करने के लिए भू-तापीय ऊर्जा का उपयोग किया जाता है। केवल बिजली के स्रोत को छोड़कर, इनका कार्य सिद्धांत कोयले या नाभिकीय ऊर्जा संयंत्र के समान ही है। भू-तापीय बिजली संयंत्र में, पृथ्वी की ऊष्मा कोयला संयंत्र के बॉयलर या नाभिकीय संयंत्र के रिएक्टर का स्थान लेती है। पृथ्वी से गर्म पानी या वाष्प, कुओं (wells) की एक श्रृंखला के माध्यम से निकाला जाता है और भू-तापीय बिजली संयंत्र में उपयोग किया जाता है। भू-तापीय विद्युत संयंत्र मुख्यत: तीन प्रकार के होते हैं और संयंत्र का चुनाव उपलब्ध भू-तापीय ऊर्जा की स्थिति (वाष्प और पानी) और तापमान पर निर्भर करता है।

1. ड्राई स्टीम पावर प्लांट
2. फ्लैश स्टीम पावर प्लांट
3. बाइनरी साइकिल पावर प्लांट

ड्राई स्टीम पावर प्लांट: यह संयंत्र भू-तापीय जलाशय से प्राप्त ड्राई स्टीम (शुष्क वाष्प) का उपयोग करते हैं। वाष्प उत्पादन कुओं से निकल सीधे टर्बाइन तक पहुँचती है, और जनरेटर को चलाकर बिजली पैदा करती है। ऊर्जा को टरबाइन में स्थानांतरित करने के बाद, वाष्प संघनित हो जाती है और वापस पृथ्वी में अंत:क्षिप्त (इंजेक्ट) हो जाती है। यह सबसे पुराने प्रकार के भू-तापीय बिजली संयंत्र हैं एवं पहला संयंत्र वर्ष 1904 में इटली में बनाया गया था। इन संयंत्रों को उच्चतम तापमान की आवश्यकता होती है, इसलिए जहाँ भूमिगत तापमान काफी अधिक होता है केवल वहीं इनका उपयोग किया जा सकता है। वाष्प तकनीक आज भी प्रभावी है और वर्तमान में उत्तरी कैलिफोर्निया के गीजर्स नामक स्थान में उपयोग में है, जो भू-तापीय शक्ति का दुनिया का सबसे बड़ा स्रोत है।

फ्लैश स्टीम पावर प्लांट: वर्त्तमान में यह सबसे अधिक उपयोग किया जाने वाला भू-तापीय बिजली उत्पादन संयंत्र है। यह मुख्य रूप से प्राकतिक रूप से प्राप्त होने वाली उच्च गुणवत्ता वाली वाष्प की कमी के कारण है। इस संयंत्र के लिए, पानी का तापमान 180°C से अधिक होना चाहिए। भूमिगत गर्म पानी को कुएँ के माध्यम से सतह के स्तर पर रखे टैंक में पंप किया जाता है। सतह के पानी के टैंक को बहुत कम दबाव में रखा जाता है, जिससे कुछ तरल पदार्थ तेजी से वाष्पीकृत हो जाते हैं, या फ्लैश हो जाते हैं। यह वाष्प टरबाइन को चलाती है वह बदले में जनरेटर चलाती है और इस प्रकार बिजली उत्पन्न होती है। अप्रयुक्त पानी, जो वाष्प नहीं बन सका, वापस कुएँ में चला जाता है या कुछ और ऊर्जा प्राप्त करने के लिए इसे दूसरे टैंक में फिर से फ्लैश किया जा सकता है। इसका उपयोग कुछ अन्य गर्म करने (हीटिंग) के उद्देश्यों के लिए भी किया जा सकता है।

बाइनरी साइकल पावर प्लांट: यह प्लांट अन्य दो प्रकार के भू-तापीय बिजली संयंत्रों से अलग है। इसमें भू-तापीय जलाशय का पानी या वाष्प कभी भी टर्बाइन या जनरेटर यूनिट के संपर्क में नहीं आते है। यहाँ, एक कम क्वथनांक (boiling point) वाले तरल पदार्थ युक्त एक द्वितीयक लूप (इसलिए बाइनरी नाम) का उपयोग किया जाता है, जैसे कि पेंटेन या ब्यूटेन। कुएँ से पानी एक हीट एक्सचेंजर के माध्यम से बहता है, जो अपनी ऊष्मा को कम क्वथनांक वाले द्रव में स्थानांतरित करता है। कम क्वथनांक के कारण इन तरल पदार्थों से पानी वाष्पीकृत हो जाता है। फिर इसे टर्बाइन से गुजारा जाता है, इसे चलाया जाता है और बाद में बिजली पैदा करने के लिए जनरेटर चलाया जाता है। यह उम्मीद की जाती है कि भविष्य में इन संयंत्रों का सबसे अधिक उपयोग किया जाएगा, क्योंकि यह अन्य दो प्रकार के भू-तापीय बिजली संयंत्रों की तुलना में कम तापमान वाले पानी का उपयोग कर पाते है।

यूनिट सारांश

1. हमें सूर्य से शुद्ध, प्रदूषण रहित और अक्षय ऊर्जा, उज्ज्वल प्रकाश और ऊष्मा के रूप में प्राप्त होती है इसे सौर ऊर्जा के रूप में जाना जाता है।
2. सौर ऊर्जा, ऊर्जा का एक शक्तिशाली स्रोत है, हालाँकि, इसके केवल एक छोटे से हिस्से का उपयोग मुख्य रूप से; विद्युत उत्पादन, तापन और शीतलन, भोजन पकाने और जल अलवणीकरण के लिए किया जा सकता है।
3. फ्लैट प्लेट संग्राहक सबसे मौलिक सौर ऊर्जा संग्राहक है, मुख्य रूप से घरेलू गर्म पानी की प्रणाली के लिए उपयोग किये जाते है।
4. फ्लैट प्लेट संग्राहक में, सौर विकिरण काली सतह वाली प्लेट द्वारा अवशोषित किये जाते है और फिर अवशोषित ऊष्मा द्रव/वायु युक्त ट्यूब में स्थानांतरित हो जाती है।
5. फ्लैट-प्लेट सिस्टम, सामान्य रूप से 30°C से 80°C तापमान की सीमा तक काम करते है।
6. ऊष्मा के स्थानान्तरण के लिए फ्लैट प्लेट संग्राहक में माध्यम के रूप में तरल या हवा का उपयोग किया जा सकता है। तरल के रूप में, जल अपनी उपलब्धता और अच्छे तापीय गुणों के कारण सामान्य विकल्पों में से एक है।
7. विशेष कोटिंग्स प्लेट के अवशोषक गुणों को बढ़ाने में मदद करती है जैसे उच्च तापमान के लिए सहनशीलता, पराबैंगनी विकिरण (UV) और नमी के लिए प्रतिरोध, स्थायित्व, ऑप्टिकल विशेषताएँ इत्यादि।
8. उन्नत प्लेट संग्राहक का उपयोग करके तापमान को 150°C तक बढ़ाया जा सकता है जिससे संग्राहक की अनुप्रयोग सीमा को बिजली उत्पादन, सोलर एयर कंडीशनिंग सिस्टम आदि के लिए बढ़ाया जा सकता है।
9. सौर ऊर्जा के दोहन करने के कई तरीके हैं उदाहरण के लिए सोलर पोंड, सोलर वॉटर हीटर, सोलर ड्रायर और सोलर स्टिल्स के उपयोग द्वारा।
10. सोलर पोंड एक सौर ऊर्जा संग्राहक है, जो आकार में काफी बड़ा है और तालाब जैसा दिखता है।
11. सोलर पोंड में मुख्य रूप से तीन जोन होते हैं: ऊपरी संवहन जोन, मध्य गैर-संवहन जोन और निचला संवहन जोन।

12. सोलर वॉटर हीटर एक ऐसा उपकरण है जो सूर्य से प्राप्त विकिरण ऊर्जा का उपयोग करके पानी गर्म करने में मदद करता है।
13. सोलर वॉटर हीटर के मुख्य घटकों में शामिल हैं: सौर विकिरण से ऊर्जा एकत्र करने के लिए संग्राहक, गर्म पानी के भंडारण के लिए ऊष्मारोधी टैंक, आधार संरचना, जोड़ने वाले (कनेक्टिंग) पाइप और संबंधित उपकरण।
14. सोलर ड्रायर की तकनीक का सिद्धांत सोलर संग्राहक में हवा की मात्रा को गर्म करके सौर ऊर्जा एकत्र करना है और संग्राहक से संलग्न सुखाने वाले खाद्य कक्ष में गर्म हवा को स्थानांतरित करना है जहाँ सूखाने वाले खाद्य को रखा जाता है।
15. सोलर स्टिल एक हरित ऊर्जा उत्पाद है जो पानी को शुद्ध करने के लिए प्राकृतिक सूर्य ऊर्जा का उपयोग करता है।
16. बायोमास नवीकरणीय कार्बनिक पदार्थों के द्रव्यमान को संदर्भित करता है जो जीवित जीवों से प्राप्त होता है, जिसमें पौधे, पशु और जैव रासायनिक परिप्रेक्ष्य से सूक्ष्मजीव, सेल्युलोज, लिग्निन, शर्करा, वसा और प्रोटीन शामिल हैं।
17. ठोस बायोमास ईंधन की महत्वपूर्ण तापीय विशेषताओं में शामिल हैं: ऊष्मा मान, नमी की मात्रा, संयोजन, ईंधन आकार और घनत्व।
18. अवायवीय पाचन एक रासायनिक प्रक्रिया है जिसके द्वारा कार्बनिक पदार्थ जैसे पशु खाद, खाद्य अपशिष्ट, अपशिष्ट जल, जैव ठोस आदि ऑक्सीजन की अनुपस्थिति में सूक्ष्मजीवों (बैक्टीरिया) द्वारा विघटित हो जाते हैं।
19. बायोगैस, बायोमास द्वारा अवायवीय पाचन प्रक्रिया का उपयोग करके उत्पादित की जाती है जिसमें बहु-चरणीय जैविक और रासायनिक प्रक्रिया शामिल होती है।
20. बायोगैस का भंडारण दो मुख्य कारणों से किया जाता है: (i) जब भी आवश्यक हो, संयंत्र स्थल पर (On-Site) उपयोग हेतु भंडारण (ii) वितरण केंद्र या प्रणालियों के लिए भंडारण।
21. पवन ऊर्जा वायुमंडलीय वायु की गति से जुड़ी गतिज ऊर्जा है। यह हमारे वातावरण में प्राकृतिक हवा की गति को यांत्रिक ऊर्जा में परिवर्तित करती है।
22. वर्तमान में भारत के पास पवन ऊर्जा की कुल स्थापित क्षमता 39.25 गीगावाट (31 मार्च 2021 तक) है, जो दुनिया में चौथी सबसे बड़ी पवन ऊर्जा की स्थापित क्षमता है।
23. जीवाश्म ईंधन के अलावा किसी अन्य स्रोत से उत्पादित ऊर्जा को नई ऊर्जा या वैकल्पिक ऊर्जा कहा जा सकता है।
24. भू-तापीय विद्युत संयंत्र मुख्यत: तीन प्रकार के होते हैं; ड्राई स्टीम पावर प्लांट, फ्लैश स्टीम पावर प्लांट और बाइनरी साइकिल पावर प्लांट।

अभिनव गतिविधियाँ

1. **संगोष्ठी (सेमिनार):** एक विषय को, 8 से10 विद्यार्थियों के मध्य प्रस्तुति के लिए उप विषयों में विभाजित किया जा सकता है।
2. **परिसंवाद (सिम्पोजियम):** विद्यार्थियों द्वारा अपनी पसंद के विषय पर शोध पत्रों का प्रस्तुतिकरण।
3. **समूह परिचर्चा (ग्रुप डिस्कशन):** परिचर्चा दस विद्यार्थियों के एक समूह में, जिसमे से एक समूह लीडर, एक मॉडरेटर और एक रिकॉर्डर। समूह के लीडर, सभी विद्यार्थियों की भागीदारी सुनिश्चित करने के लिए जिम्मेदार होंगे, मॉडरेटर सुनिश्चित करेंगे कि परस्पर बातचीत (क्रॉस वार्ता) न हो और रिकॉर्डर अपने स्वयं के सहित टिप्पणियों, परिचर्चा को रिकॉर्ड करे।
4. **प्रोजेक्ट वर्क:** 3 से 4 विद्यार्थियों के समूह को उपयुक्त विषय पर प्रोजेक्ट कार्य सौंपा जा सकता है। प्रोजेक्ट कार्य प्रयोगात्मक या शोध प्रकृति का हो सकता है।
5. **शैक्षिक यात्रा:** सौर ऊर्जा बिजली संयंत्र, पवन ऊर्जा बिजली प्रतिष्ठानों और बायोगैस संयंत्र की शैक्षिक यात्रा।

6. **सामाजिक गतिविधियाँ:** विद्यार्थियों के समूह को घर-घर जाकर ऊर्जा के नवीकरणीय स्रोत जैसे; सौर ऊर्जा, पवन ऊर्जा और बायोमास के उपयोग एवं महत्व से अवगत कराने तथा घरों में बिजली के गीजर के स्थान पर सौर ऊर्जा वॉटर हीटर के उपयोग के लिए प्रोत्साहित करने के अभियान में शामिल किया जा सकता है।

रोचक तथ्य

1. सूर्य की रोशनी का एक घंटा, पृथ्वी के लिए एक साल की ऊर्जा के बराबर है।
2. 174,000 टेरावाट ऊर्जा, हर पल सौर विकिरण के रूप में निरंतर पृथ्वी पर पहुँचती है, यहाँ तक बादल छाये हो उन दिनों में भी।
3. सामान्य सौर पैनल प्रणाली 20% दक्षता पर संचालित होती है, अर्थात यह 20% सूर्य के प्रकाश को बिजली में परिवर्तित करती है।
4. सौर ऊर्जा उपयोगकर्ता प्रति वर्ष 35 टन कार्बन डाइऑक्साइड और 75 मिलियन तेल के बैरल बचाते हैं।
5. पवन ऊर्जा को 200 ईसा पूर्व फारस और चीन में पहली बार पवन चक्कियों के रूप में विकसित किया गया था।

6. पवन ऊर्जा का उपयोग सैकड़ों वर्षों तक पानी निकालने (पंप करने) और अनाज पीसने के लिए किया जाता था। लोग पाल नौकाओं पर पालों का उपयोग पवन ऊर्जा के रूप में भी करते थे।
7. सबसे विशाल टरबाइन हवाई (Hawai) शहर में स्थित है। यह बीस मंजिला ऊँची और प्रत्येक ब्लेड की फुटबॉल मैदान जितनी लंबाई है।
8. पवन ऊर्जा वैकल्पिक ऊर्जा का एकमात्र रूप है जिसमें पानी की आवश्यकता नहीं होती है।
9. यदि आप अपने क्षेत्र में पवन टरबाइन स्थापित करना चाहते हैं तो अमेरिकी ऊर्जा विभाग पवन संसाधन मानचित्र प्रदान करता है जो औसत हवा की गति और संभावित पवन ऊर्जा क्षमता दर्शाता है।

10. चीन दुनिया में सबसे ज्यादा पवन ऊर्जा का उत्पादन करता है। संयुक्त राज्य अमेरिका अनुसरण करते हुए दूसरे स्थान पर सबसे बड़ा पवन ऊर्जा उत्पादक देश है।
11. घर के पिछले आँगन में एक छोटा टर्बाइन, आपके घर को बिजली दे सकता है।
12. वर्ष 2015 में, संयुक्त राज्य अमेरिका ने 12.3 गीगाटन ग्रीनहाउस गैसों के उत्सर्जन को कम करने और घरों, स्कूलों और व्यवसाय में बिजली के लिए पवन ऊर्जा के उपयोग को बढ़ाकर 260 बिलियन गैलन पानी बचाने की योजना बनाई।
13. ज्वारीय बिजली संयंत्र पवन या सौर ऊर्जा की तुलना में अधिक समय तक चल सकते हैं।

अभ्यास

(A) विषयनिष्ठ प्रश्न

1. फ्लैट प्लेट संग्राहक की व्याख्या कीजिये।
2. फ्लैट प्लेट संग्राहक की दक्षता में कैसे सुधार किया जा सकता है?
3. फ्लैट प्लेट संग्राहक पर कोटिंग के महत्व का वर्णन करें।
4. इस पर संक्षिप्त नोट्स लिखें:
   (a) सोलर पोंड (b) सोलर ड्रायर
   (c) सोलर स्टिल (d) बायोमास के स्रोत
   (e) बायोमास के उपयोग
5. बायोमास की तापीय विशेषताओं की व्याख्या करें।
6. बायोमास के उत्पादन प्रणाली की व्याख्या करें।
7. पवन ऊर्जा को परिभाषित कीजिए।
8. भारत में पवन ऊर्जा की संभावनाओं की चर्चा कीजिए।
9. पवन ऊर्जा के लाभ एवं हानियों का वर्णन कीजिए।
10. विभिन्न प्रकार के नवीन ऊर्जा स्रोतों की व्याख्या कीजिए।

(B) बहुविकल्पीय प्रश्न

1. सोलर हीटर का कार्य, सौर ऊर्जा को इसमें परिवर्तित करना है।
   (a) विकिरण (b) विद्युत ऊर्जा
   (c) तापीय ऊर्जा (d) इनमे से कोई भी नहीं
2. सौर ऊर्जा को सीधे विद्युत ऊर्जा में बदलने के लिए किस सेल का उपयोग किया जाता है?
   (a) शुष्क सेल (b) फोटोइलेक्ट्रिक सेल
   (c) बैटरी (d) इनमे से कोई भी नहीं
3. ऊर्जा के अनवीकरणीय स्रोत हैं।
   (a) हवा और सूरज से ऊर्जा (b) समुद्र की लहरों से ऊर्जा
   (c) जीवाश्म ईंधन से ऊर्जा
4. विषम को चुनें।
   (a) कोयला (b) पेट्रोलियम
   (c) तेल (d) बायोमास
5. सौर अवशोषक में प्रयुक्त कोटिंग सामग्री में निम्नलिखित गुण होने चाहिए।
   (a) उच्च शोषक, कम उत्सर्जन (b) मजबूत आसंजन, उच्च स्थायित्व
   (c) उच्च तापीय चालकता, घिसाव प्रतिरोध (d) ऊपर के सभी
6. सूर्य से सौर ऊर्जा किस रूप में निकलती है?
   (a) पराबैंगनी विकिरण (b) अवरक्त विकिरण
   (c) विद्युतचुम्बकीय तरंगें (d) अनुप्रस्थ तरंगें

7. बायोमीथेन में कार्बन डाइऑक्साइड का प्रतिशत है।
   (a) 55–60 (b) 35–45
   (c) 30–40 (d) 25–35
8. सीवेज के अवायवीय पाचन का उपयोग किसके उत्पादन में किया जाता है?
   (a) जैव ईंधन (b) बायोमास
   (c) स्वास्थ्य संबंधी उत्पाद (d) सिंथेटिक ईंधन
9. बायोमास से हमें क्या प्राप्त होता है?
   (a) रसायन (b) जैव रसायन
   (c) चीनी (d) परिवहन ईंधन
10. फीडस्टॉक को ऑक्सीजन की अनुपस्थिति में उच्च तापमान पर गर्म करने की प्रक्रिया कहलाती है।
   (a) जैव-पाचन (b) दहन
   (c) गैसीकरण (d) पायरोलिसि
11. बायोमास शब्द सबसे अधिक बार संदर्भित होता है।
   (a) अकार्बनिक पदार्थ (b) कार्बनिक पदार्थ
   (c) अमोनियम यौगिक (d) रसायन
12. पवन ऊर्जा उपयोग करती है।
   (a) वायु की स्थितिज ऊर्जा (b) वायु की गतिज ऊर्जा
   (c) A और B दोनों (d) इसमें से कोई भी नहीं
13. पवन ऊर्जा को यांत्रिक ऊर्जा में बदलने के लिए किस उपकरण का उपयोग किया जाता है।
   (a) टर्बाइन (b) जनक
   (c) ब्लेड (d) मोटर
14. पवन ऊर्जा किस प्रकार का ऊर्जा संसाधन है।
   (a) पारंपरिक ऊर्जा (b) वाणिज्यिक ऊर्जा
   (c) नवीकरणीय ऊर्जा (d) अनवीकरणीय ऊर्जा
15. पवन के निर्माण का मुख्य स्रोत क्या है?
   (a) वनस्पति (b) मौसम
   (c) असमान भूमि (d) सूर्य
16. भू-तापीय ऊर्जा, तापीय ऊर्जा है।
   (a) समुद्र की सतह पर (b) पृथ्वी की सतह पर
   (c) पृथ्वी के अंदर गहरे में (d) पहाड़ की सतह पर
17. निम्न प्रकार के संयंत्र बाइनरी चक्र पर चलते हैं।
   (a) वाष्प प्रधान संयंत्र (b) तरल प्रधान कम तापमान संयंत्र
   (c) तरल प्रधान उच्च तापमान संयंत्र (d) उपरोक्त सभी
18. जब जल पृथ्वी के आंतरिक भाग से गर्म जल के रूप में बाहर निकलता है, तो उसे कहते हैं।
   (a) गर्म पानी का झरना (b) गीजर
   (c) A और B दोनों (d) इनमें से कोई भी नहीं

बहुविकल्पीय प्रश्नों के उत्तर

1 (c)	2 (b)	3 (c)	4 (d)	5 (d)	6 (c)	7 (c)	8 (a)	9 (d)	10 (d)
11 (b)	12 (b)	13 (a)	14 (c)	15 (d)	16 (c)	17 (b)	18 (b)		

अध्ययन हेतु सुझाए गए संसाधन

(A) संदर्भ पुस्तकें:

- C.N. R. Rao, Understanding Chemistry, University Press (India) Pvt. Ltd., 2011.
- G.S. Sodhi, Fundamental Concepts of Environmental Chemistry, Marisa, 2011.
- Vanek, F.M, and Albright, L.D., Energy Systems Engineering, McGraw Hill, 2008.
- Frank Kreith, Jan F Kreider, Principles of Solar Engineering, McGraw-Hill, New York; 1978, ISBN: 9780070354760.
- Aldo Vieira, Da Rosa, Fundamentals of renewable energy processes, Academic Press Ox- ford, UK; 2013, ISBN: 9780123978357.
- S.P. Sukhatme, Solar Energy; Principles of Thermal Collection and Storage, Tata Mc- Graw-Hill, New Delhi; 1984, ISBN: 0-07-462453-9.
- Donald Rapp, Solar energy, Prentice-Hall, Inc., Eaglewood Cliffs, USA; 1981, ISBN: 0-13- 822213-4.

(B) ओपन सोर्स सॉफ्टवेयर एवं वेबसाइट:

- https://energypedia.info/wiki/Portal:Solar
- https://www.e-education.psu.edu/eme811/node/685
- https://hareda.gov.in/centers/solar-water-heating-system/
- https://www.irena.org/wind
- https://www.rees-journal.org
- https://www.energy.gov/eere/articles/hydrogen-clean-flexible-energy-carrier
- https://www.energy.gov/eere/wind/advantages-and-challenges-wind-energy
- https://www.nationalgeographic.org/encyclopedia/geothermal-energy/
- https://www.eia.gov/energyexplained/biomass/
- https://www.britannica.com/science/anaerobic-digestion
- https://farm-energy.extension.org/biogas-utilization-and-cleanup/
- https://www.bioenergyconsult.com/biomethane-utilization/
- https://www.e-inst.com/training/biomass-to-biogas/
- www.sustainebledevelopment.un.org
- www.conserve-energy-future.com

फोटोग्राफः सौजन्य "क्रिएटिव कॉमन"

(C) विडियो संसाधनः

सौर ऊर्जा-I

सौर ऊर्जा-II

बायोमास

बायोगैस

पवन ऊर्जा

4 ठोस अपशिष्ट प्रबंधन, ISO 14000 एवं पर्यावरण प्रबंधन

यूनिट विशिष्ट

यह यूनिट निम्नलिखित मुख्य पहलुओं से संबंधित है:

- ठोस अपशिष्ट उत्पादन - म्युनिसिपल ठोस अपशिष्ट (MSW), ई-अपशिष्ट, जैव-चिकित्सा अपशिष्ट के स्रोत एवं विशेषताएँ।
- उद्योगों से धात्विक अपशिष्ट और अधात्विक अपशिष्ट (स्नेहक, प्लास्टिक, रबर)।
- संग्रह और निपटान: MSW (3R सिद्धांत, ऊर्जा पुन:प्राप्ति, सैनिटरी लैंडफिल), खतरनाक अपशिष्ट।
- वायु गुणवत्ता अधिनियम 2004, वायु प्रदूषण नियंत्रण अधिनियम 1981 एवं जल अधिनियम 1974।
- केंद्रीय और राज्य प्रदूषण नियंत्रण बोर्ड की संरचना और भूमिका।
- कार्बन क्रेडिट की अवधारणा, कार्बन फुट प्रिंट।
- निर्माण उद्योग में पर्यावरण प्रबंधन, ISO14000: उद्योगों में कार्यान्वयन, लाभ।

पुस्तक के अध्ययनकर्ताओं में जिज्ञासा और सृजनात्मकता पैदा करने के लिए सभी विषयों को प्रासंगिक तस्वीरों के साथ प्रस्तुत किया गया है। अभ्यास के लिए बहुविकल्पीय और विषयनिष्ठ प्रश्न दिए गए हैं। विषय को और अधिक समझने, अवधारणाओं और शंकाओं (यदि कोई हो) के स्पष्टीकरण के लिए संसाधन जैसे संदर्भ पुस्तकें, ओपन रिसोर्स सॉफ्टवेयर और वेबसाइट, वीडियो संसाधन आदि भी इकाई में दिए गए हैं। रुचि के विभिन्न विषयों से सम्बंधित ज्ञान के लिए क्यूआर कोड दिए गए हैं, जिन्हें और अधिक जानकारी प्राप्त करने हेतु स्कैन किया जा सकता है।

भूमिका

ठोस अपशिष्ट प्रबंधन (Solid Waste Management) एक वैश्विक समस्या बन गई है और हमारे पर्यावरण की रक्षा के लिए इस पर उचित रूप से ध्यान देने की आवश्यकता है। इस यूनिट का उद्देश्य ठोस अपशिष्ट उत्पादन, इनके स्रोतों और विशेषताओं की बुनियादी अवधारणाओं से परिचय कराने के साथ हमारे स्वास्थ्य और पर्यावरण पर पड़ने वाले प्रभावों से अवगत कराना हैं। इस यूनिट में ठोस अपशिष्ट का संग्रह और निपटान, खतरनाक अपशिष्ट और ठोस अपशिष्ट प्रबंधन के 3R सिद्धांत भी शामिल हैं। इस यूनिट में पर्यावरण प्रबंधन प्रणाली, वायु और जल प्रदूषण नियंत्रण से संबंधित विभिन्न अधिनियम पर भी चर्चा की गई है।

इस यूनिट के पूर्ण होने के बाद, विद्यार्थी ठोस अपशिष्ट एवं उसके प्रबंधन की मूलभूत अवधारणाओं की समझ विकसित कर पाएँगे। विद्यार्थी ठोस अपशिष्ट उत्पादन, उचित निपटान की क्रियाविधि, विभिन्न प्रकार के वायु और जल प्रदूषण नियंत्रण अधिनियम के विषय में भी जानेंगे, यह जानकारी विद्यार्थियों को ठोस अपशिष्ट के त्रुटिपूर्ण प्रबंधन के कारण होने वाले वायु, मृदा और जल प्रदूषण को कम करके हमारे स्वास्थ्य और पर्यावरण की रक्षा करने का अवसर प्रदान करेगा।

पूर्व-अपेक्षित ज्ञान

- हाईस्कूल स्तर का रसायन शास्त्र

यूनिट आउटकम्स

विद्यार्थी निम्नलिखित में सक्षम होंगे:

U4–O1: विभिन्न प्रकार के ठोस अपशिष्टों के स्रोत् एवं विशेषताओं की व्याख्या करने में।

U4–O2: ठोस अपशिष्ट के संग्रह और निपटान की अवधारणा को दी गई परिस्थिति में लागू करने में।

U4–O3: विभिन्न वायु एवं जल प्रदूषण अधिनियम की व्याख्या करने में।

U4–O4: केंद्रीय और राज्य प्रदूषण नियंत्रण बोर्डों की भूमिका पर चर्चा करने में।

U4–O5: कार्बन फुटप्रिंट और कार्बन क्रेडिट की व्याख्या करने में।

यूनिट आउटकम्स (UOs)	कोर्स आउटकम्स (COs) के साथ अपेक्षित संबंध *(1-कमजोर सहसंबंध; 2-मध्यम सहसंबंध; 3-मजबूत सहसंबंध)*					
	CO-1	**CO-2**	**CO-3**	**CO-4**	**CO-5**	**CO-6**
U4–O1	-	-	-	-	-	3
U4–O2	-	-	-	-	-	3
U4–O3	-	-	-	-	-	2
U4–O4	-	-	-	-	-	2
U4–O5	-	-	-	-	-	3

4.1 परिचय

"जिस चीज की आपको आवश्यकता नहीं है उसके लिए मना (Refuse) करें; जिसकी आवश्यकता है उसें कम (Reduce) करें; आप जो उपभोग करते हैं उसका पुनःउपयोग (Reuse) करें; जिसे आप मना, कम या पुनःउपयोग नहीं कर सकते उसे पुनःचक्रण (Recycle) करें; और शेष को सड़ा (Compost) दे"।

–'बी जॉनसन'

मानव गतिविधियों में घातांकीय (exponential) वृद्धि के कारण, ठोस अपशिष्ट उत्पादन में कई गुना वृद्धि हुई है जिसे उचित प्रकार से प्रबंधित करने की आवश्यकता है। प्रकृति की नैसर्गिक रूप से संभाल पाने की क्षमता की तुलना में हम बहुत अधिक अपशिष्ट उत्पन्न कर रहे हैं। हालाँकि, उचित होगा की अपशिष्ट के उत्पादन को रोका जाएं, बजाय अपशिष्ट का उत्पादन कर फिर उसे प्रबंधित करने के प्रयास किए जाएं। हम अपशिष्ट को ऐसे ही फेंक नहीं सकते, क्योंकि जो भी अपशिष्ट हम फेंकते हैं, वह पारिस्थितिकी तंत्र में बना रहता है और एक प्रकार का प्रदूषण पैदा करता है। ठोस अपशिष्ट से पैदा होने वाले प्रदूषण से हमारे पर्यावरण को बचाने के लिए इनका उचित तरीके से प्रबंधन करना अत्यधिक आवश्यक है। उचित अपशिष्ट प्रबंधन के लिए, विभिन्न प्रकार के अपशिष्ट जैसे; म्युनिसिपल ठोस अपशिष्ट, ई-अपशिष्ट, जैव-चिकित्सा अपशिष्ट आदि के स्रोतों और विशेषताओं को जानना आवश्यक है। ठोस अपशिष्ट प्रबंधन

के समुचित कार्यान्वयन के लिए पर्यावरण प्रबंधन प्रणाली, विभिन्न वायु और जल प्रदूषण अधिनियम को समझना भी आवश्यक है। उपरोक्त सभी विषयों पर इस यूनिट में चर्चा की गई है।

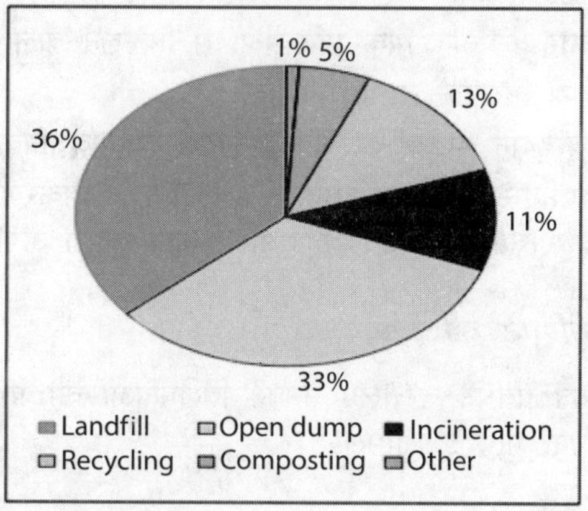

चित्र 4.1: ठोस अपशिष्ट उत्पादन

4.2 ठोस अपशिष्ट उत्पादन

दैनिक जीवन में, हम बहुत सारी सामग्री का उपयोग करते है और उसे फेंक देते हैं। इन उपयोग की हुई (used) और परित्यक्त (discarded) सामग्री को अपशिष्ट कहा जाता है। अपशिष्ट पदार्थ गैसीय रूप में (जैसे; ऑटोमोबाइल निर्वातक, चिमनी से निकलने वाला धुआँ आदि), तरल रूप में (जैसे; सीवेज का पानी, उद्योग से बहिःस्त्राव आदि), या ठोस रूप में (जैसे; खाद्य अपशिष्ट, कृषि अपशिष्ट आदि) हो सकते हैं। ठोस अपशिष्ट विविध सामग्रियों का जटिल मिश्रण है। अपशिष्ट की संरचना मौसम से मौसम, क्षेत्र से क्षेत्र और एक विशेष क्षेत्र के भीतर भी भिन्न होती है। इसे ऐसे अपशिष्ट के रूप में परिभाषित किया जा सकता है जिसे अस्वीकार कर दिया गया है और आगे फिर उसी रूप में उपयोग नहीं किया जा सकता है। इसे पानी के माध्यम से नदी-नालों में नहीं बहाया जा सकता है और न ही वायुमंडल में आसानी से मुक्त किया जा सकता है। ठोस अपशिष्ट समाज के विभिन्न स्रोतों/गतिविधियों से उत्पन्न होते हैं, जैसे घरों, सार्वजनिक संस्थानों, कार्यालयों, बाजारों, रेस्तरां, उद्योग, निर्माण स्थलों, कृषि गतिविधियों आदि।

4.2.1 म्युनिसिपल ठोस अपशिष्ट के स्रोत और विशेषताएँ

म्युनिसिपल ठोस अपशिष्ट को नगरपालिकाओं (municipalties) द्वारा या उनके लिए एकत्रित और उपचारित अपशिष्ट के रूप में परिभाषित किया गया है। इसमें तरल और ठोस दोनों प्रकार के अपशिष्ट सम्मिलित होते हैं।

4.2.1.1 म्युनिसिपल ठोस अपशिष्ट के स्रोत

म्युनिसिपल ठोस अपशिष्ट के मुख्य स्रोतों को निम्नलिखित श्रेणियों में वर्गीकृत किया जा सकता है:

1. **आवासीय स्रोतः** घरेलू और आवासीय क्षेत्रों से निकलने वाला अपशिष्ट, ये म्युनिसिपल ठोस अपशिष्ट के प्रमुख स्रोत हैं।
2. **संस्थागत स्रोतः** सरकारी और सार्वजनिक संस्थानों जैसे स्कूल, कॉलेज, विश्वविद्यालय, सरकारी कार्यालय आदि से निकलने वाला अपशिष्ट।
3. **व्यावसायिक प्रतिष्ठानः** व्यापारिक केन्द्रों जैसे खाने-पीने के प्रतिष्ठानों, दुकानों, बैंकों आदि से निकलने वाला अपशिष्ट।

4. **स्वास्थ्य सुविधाएँ:** अस्पतालों और अन्य स्वास्थ्य सुविधाओं से निकलने वाला अपशिष्ट।
5. **निर्माण और विध्वंस गतिविधियाँ:** विभिन्न प्रकार के निर्माण और विध्वंस गतिविधियों जैसे अपार्टमेंट का निर्माण, झुग्गी बस्तियों (slums) को तोड़ना, आदि से निकलने वाला अपशिष्ट।
6. **औद्योगिक स्रोत:** विभिन्न प्रकार की औद्योगिक प्रक्रियाओं से निकलने वाला अपशिष्ट।
7. **कृषि स्रोत:** कृषि गतिविधियों से निकलने वाला अपशिष्ट।
8. **खुले क्षेत्र:** सड़क के किनारे कूड़ेदान, सड़क की सफाई और अन्य सार्वजनिक स्थानों से निकलने वाला अपशिष्ट।
9. **इलेक्ट्रॉनिक और विद्युत अपशिष्ट (ई-अपशिष्ट):** इलेक्ट्रॉनिक उपकरणों जैसे कंप्यूटर, फोन, रेडियो आदि और घरेलू उपकरणों जैसे कुकर, वाशिंग मशीन आदि से निकलने वाला अपशिष्ट।

4.2.1.2 म्युनिसिपल ठोस अपशिष्ट की विशेषताएँ

म्युनिसिपल ठोस अपशिष्ट के उचित प्रबंधन के लिए उनकी विशेषताओं की पहचान महत्वपूर्ण है। ठोस कचरे की विशेषताओं में भौतिक और रासायनिक मापदंड शामिल हैं।

भौतिक विशेषताएँ

भौतिक विशेषताएँ उपकरण के चयन और संचालन के लिए तथा निपटान सुविधाओं के विश्लेषण और डिजाइन के लिए भी महत्वपूर्ण हैं। इसमें निम्नलिखित मापदंड शामिल हो सकते हैं:

घनत्व: अपशिष्ट का घनत्व उसका द्रव्यमान प्रति इकाई आयतन (Kg/m^3) होता है। यह भू-भरण (landfill), भंडारण, संग्रह के प्रकार और परिवहन वाहनों के डिजाइन के लिए आवश्यक है।

नमी की मात्रा: यह अपशिष्ट में पानी के वजन और अपशिष्ट के कुल वजन का अनुपात है। संग्रह की लागत, परिवहन और भस्मीकरण द्वारा अपशिष्ट उपचार की आर्थिक व्यवहार्यता अपशिष्ट की नमी की मात्रा पर निर्भर करती है।

अपशिष्ट घटकों का आकार: यांत्रिक विभाजकों, श्रेडर (shredder) और अपशिष्ट उपचार प्रक्रियाओं के डिजाइन के लिए अपशिष्ट घटकों के आकार की आवश्यकता होती है।

ऊष्मीय मान: यह किसी पदार्थ के इकाई भार के दहन से उत्पन्न ऊष्मा की मात्रा है, जिसे kcal/kg में व्यक्त किया जाता है।

पारगम्यता: जमा अपशिष्ट की पारगम्यता (permeability) एक महत्वपूर्ण भौतिक गुण है क्योंकि यह एक लैंडफिल में तरल पदार्थ और गैसों की चाल (गति) को नियंत्रित करती है।

संपीड्यता: संपीड्यता (compressibility) दबाव के अधीन ठोस अपशिष्ट में होने वाले भौतिक परिवर्तनों की मात्रा है।

रासायनिक विशेषताएँ

ठोस अपशिष्ट पदार्थों के व्यवहार को समझने के लिए, इनकी रासायनिक संरचना का ज्ञान भी आवश्यक है। इनकी रासायनिक विशेषताओं में pH मान, नाइट्रोजन, फास्फोरस, और पोटेशियम, कुल कार्बन (Total Carbon) आदि तथा जैव-रासायनिक विशेषताओं में कार्बोहाइड्रेट, प्रोटीन, प्राकृतिक फाइबर आदि शामिल हो सकते हैं। विषाक्तता (toxicity) विशेषताओं के अंतर्गत भारी धातु, पीड़कनाशी (पेस्टीसाईडस), कीटनाशक (इन्सेक्टिसाईडस) आदि आते हैं।

4.2.1.3 जैव-निम्नीकरणीय एवं अजैव-निम्नीकरणीय ठोस अपशिष्ट

दैनिक जीवन में हम विभिन्न प्रकार के अपशिष्ट उत्पन्न करते हैं और उन्हें फेंक देते हैं। यह अपशिष्ट कई रूपों में हो सकते हैं; हालाँकि, हम उन्हें मुख्य रूप से दो श्रेणियों में विभाजित कर सकते हैं; जैव-निम्नीकरणीय (Biodegradable)

अपशिष्ट और अजैव-निम्नीकरणीय (Non-Biodegradable) अपशिष्ट। हमें ज्ञात होना चाहिए कि हम दैनिक जीवन में जो कुछ भी उपयोग करते हैं वह जैव-निम्नीकरणीय या अजैव-निम्नीकरणीय है।

चित्र 4.2: जैव-निम्नीकरणीय एवं अजैव-निम्नीकरणीय ठोस अपशिष्ट

जैव-निम्नीकरणीय अपशिष्ट: ये वे अपशिष्ट पदार्थ हैं जिन्हें प्राकृतिक कारकों जैसे सूक्ष्मजीवों (बैक्टीरिया, कवक आदि), अजैविक घटकों (जैसे धूप, पानी, ऑक्सीजन आदि) द्वारा आसानी से नष्ट किया जा सकता है। ये उन्हें सरल कार्बनिक पदार्थों में परिवर्तित कर देते हैं जिनका उपयोग उर्वरक, खाद, कम्पोस्ट, बायोगैस और अनेक रूप में किया जा सकता है। इसलिए, यह उन्हें पर्यावरण अनुकूल बनाता है। म्युनिसिपल ठोस अपशिष्ट में पाए जाने वाले जैव-निम्नीकरणीय अपशिष्ट में हरा कचरा, खाद्य अपशिष्ट, कागज, बायोडिग्रेडेबल प्लास्टिक आदि शामिल हैं। कुछ में मानव अपशिष्ट, कसाईखाना अपशिष्ट आदि शामिल हैं।

अजैव-निम्नीकरणीय अपशिष्ट: ये वे अपशिष्ट हैं जिन्हें प्राकृतिक कारकों द्वारा विघटित या नष्ट नहीं किया जा सकता है। इसलिए, यह लंबे समय तक पारिस्थितिकी तंत्र में बिना विघटित हुए रहते है और हमारे पर्यावरण को नुकसान पहुँचाते हैं। ये बिल्कुल भी इकोफ्रेंडली नहीं हैं। प्लास्टिक के कप, बोतल, ई-अपशिष्ट आदि जैसे अधिकांश अकार्बनिक अपशिष्ट अजैव-निम्नीकरणीय श्रेणी के अंतर्गत आते हैं। इनमें से कुछ अपशिष्ट जिन्हें पुनःचक्रण किया जा सकता है और फिर से उपयोग किया जा सकता है उन्हें "पुनःचक्रण योग्य अपशिष्ट (Recyclable)" के रूप में जाना जाता है और जिन्हें दोबारा उपयोग नहीं किया जा सकता है उन्हें "गैर-पुनःचक्रण योग्य अपशिष्ट (Non-Recyclable)" के रूप में जाना जाता है।

4.2.2 ई-अपशिष्ट के स्रोत और विशेषताएँ

"ई-अपशिष्ट" पारिभाषिक शब्द (टर्म) "इलेक्ट्रॉनिक और विद्युत अपशिष्ट" का संक्षिप्त नाम है। इलेक्ट्रॉनिक अपशिष्ट या ई-अपशिष्ट यह उन इलेक्ट्रॉनिक या इलेक्ट्रिकल उत्पादों के लिए लोकप्रिय, अनौपचारिक नाम है जिनकी उपयोगीता लगभग खत्म होने वाली है और फिर उन्हें त्याग (discard) दिया जाता है। IT क्षेत्र में क्रांति के कारण, इलेक्ट्रिकल और इलेक्ट्रॉनिक उपकरण (EEE) का उत्पादन सबसे तेज विनिर्माण गतिविधियों में से एक बन गया है। तीव्र आर्थिक विकास के कारण EEE के उत्पादन और खपत में कई गुना वृद्धि हुई है। इसलिए, ई-अपशिष्ट भी तेजी से बढ़ रहा है क्योंकि वैश्विक उपभोक्ता माँग में वृद्धि जारी है। ग्लोबल ई-वेस्ट मॉनिटर (ई-अपशिष्ट सूचकांक) वर्ष 2017 दर्शाता है कि ई-अपशिष्ट सालाना बढ़कर 44.7 मिलियन मीट्रिक टन हो गया है। लेकिन उत्पन्न ई-अपशिष्ट का मात्र 20% ही संगृहीत और पुनर्चक्रण किया गया दर्ज है। शेष 80% (35.76 मिलियन मीट्रिक टन) के विषय में ज्ञात नहीं, लेकिन निम्न स्थिति में डंप, संचय, विक्रय या पुनःचक्रण किये जाने की संभावना है।

4.2.2.1 ई-अपशिष्ट के स्रोत

ई-अपशिष्ट के विभिन्न स्रोतों को निम्नलिखित श्रेणियों में वर्गीकृत किया जा सकता है:

घरेलू उपकरण: इसमें माइक्रोवेव, घरेलू मनोरंजन उपकरण (होम एंटरटेनमेंट डिवाइस), इलेक्ट्रिक कुकर, हीटर, पंखे आदि शामिल हैं।

इलेक्ट्रॉनिक उपयोगिताएँ: हीटिंग पैड, रिमोट कंट्रोल, टेलीविजन रिमोट, इलेक्ट्रिकल कॉर्ड, लैंप, नाइट लाइट, ट्रेडमिल, स्मार्ट वॉच, हार्ट मॉनिटर आदि इस श्रेणी में आते है।

संचार और सूचना प्रौद्योगिकी उपकरण: सेल फोन, स्मार्टफोन, डेस्कटॉप कंप्यूटर, कंप्यूटर मॉनिटर, लैपटॉप आदि इस श्रेणी में आते है।

ऑफिस उपकरण: कॉपियर/प्रिंटर, आईटी सर्वर रैक, आईटी सर्वर, कॉर्ड और केबल, फोन और पीबीएक्स सिस्टम, ऑडियो और वीडियो उपकरण, नेटवर्क हार्डवेयर, पावर स्ट्रिप्स और बिजली आपूर्ति, निर्बाध बिजली आपूर्ति (UPS system), विद्युत वितरण प्रणाली (PDUs), आदि इस श्रेणी में आते है।

चिकित्सा उपकरण: डायलिसिस मशीन, इमेजिंग उपकरण, वीडियो उपकरण, बिजली आपूर्ति, निर्बाध बिजली आपूर्ति (यूपीएस सिस्टम), आदि इस श्रेणी में शामिल हो सकते हैं।

होम एंटरटेनमेंट डिवाइस: इसमें डीवीडी, स्टीरियो, टेलीविजन, वीडियो गेम सिस्टम आदि शामिल हैं।

4.2.2.2 ई-अपशिष्ट के लक्षण

ई-अपशिष्ट के घटकों में खतरनाक (hazardous) और गैर-खतरनाक (non-hazardous) दोनों प्रकार के पदार्थ होते हैं। ई-अपशिष्ट में विषाक्त कार्बनिक (organic toxic) और खतरनाक प्रदार्थ की उपस्थिति इसे सामान्य म्युनिसिपल अपशिष्ट से अलग करती है।

खतरनाक पदार्थ: ज्यादातर पाए जाने वाले खतरनाक पदार्थ प्लास्टिक, सीसा, पारा, कैडमियम, आर्सेनिक, सीएफसी, पीवीसी आदि हैं। इन पदार्थों में पर्यावरण (वनस्पति, जीव, मृदा आदि) और मानव स्वास्थ्य (कार्सिनोजेनिक रोग, यकृत, गुर्दे, मस्तिष्क क्षति आदि) को क्षति पहुँचाने या प्रदूषित करने की काफी संभावना होती है।

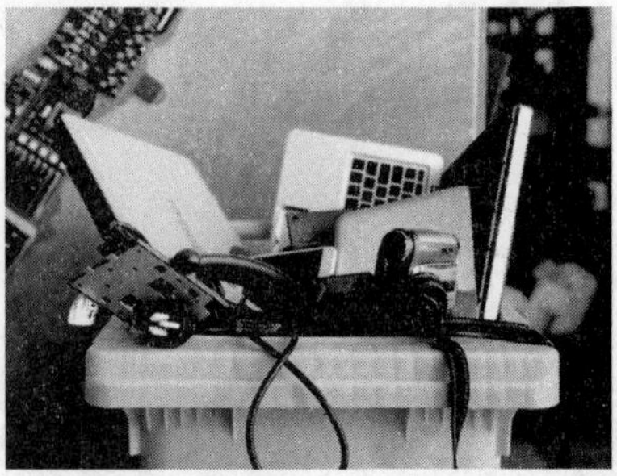

चित्र 4.3: ई-अपशिष्ट

गैर-खतरनाक पदार्थ: ई-अपशिष्ट के पुनःचक्रण से गैर-खतरनाक पदार्थों की पहचान करने में मदद मिलती है जिन्हें पर्यावरण को हानि पहुँचाये बिना पुनः इस्तेमाल किया जा सकता है। जब विभिन्न धातुओं को फिर से पुनःचक्रण किया जाता है, तो विभिन्न उद्योगों की निर्माण प्रक्रियाओं में उनसे बहुत लाभ प्राप्त होता है। उदाहरण के लिए, एल्युमीनियम, तांबा और सोना जो प्रायः इलेक्ट्रॉनिक सामानों में पाया जाता है, गैर-खतरनाक माना जाता है। प्लास्टिक और काँच ऐसे पदार्थ हैं जो कंप्यूटर के पुर्जों में पाए जाते हैं, वे भी खतरनाक नहीं होते हैं।

4.2.3 जैव चिकित्सा अपशिष्ट के स्रोत और विशेषताएँ

जैव चिकित्सा अपशिष्ट (Biomedical Waste) को अस्पतालों, जैविक गतिविधियों, पशु चिकित्सा क्लीनिक और स्वास्थ्य देखभाल इकाइयों में उत्पन्न होने वाले अपशिष्ट के रूप में परिभाषित किया जा सकता है। इन अपशिष्ट में ठोस, तरल पदार्थ, प्रयोगशाला अपशिष्ट और नुकीले उपकरण होते हैं, जिनका उपयोग मानव, पशु के निदान, उपचार, रोकथाम या टीकाकरण या अनुसंधान गतिविधियों के दौरान किया जाता है। जैव चिकित्सा अपशिष्ट खतरनाक या गैर-खतरनाक हो सकते है। WHO (विश्व स्वास्थ्य संगठन) के अनुसार, लगभग 85% बायोमेडिकल अपशिष्ट गैर-खतरनाक श्रेणी में आते है, जबकि 15% खतरनाक श्रेणी में आते है।

चित्र 4.4: जैव चिकित्सा अपशिष्ट

4.2.3.1 जैव चिकित्सा अपशिष्ट के स्रोत

जैव चिकित्सा अपशिष्ट के स्रोत वह जगह या स्थान है, जहाँ ये अपशिष्ट उत्पन्न होते हैं। स्रोतों को दो व्यापक श्रेणियों में वर्गीकृत किया जा सकता है; प्रमुख और लघु स्रोत।

प्रमुख स्रोत नियमित रूप से, लघु स्रोतों की तुलना में अधिक मात्रा में अपशिष्ट उत्पन्न करते हैं। इन स्रोतों में अस्पताल, आपातकालीन देखभाल सुविधाएँ, डायलिसिस केंद्र, संक्रामण (ट्रांसफ्यूजन) केंद्र, रक्त बैंक, क्लीनिकल (रोगविषयक) प्रयोगशालाएँ, अनुसंधान प्रयोगशालाएँ, मुर्दाघर, पशु चिकित्सालय और नर्सिंग होम आदि शामिल हैं।

लघु स्रोत में चिकित्सा क्लीनिक, कॉस्मेटिक क्लीनिक, घरेलू देखभाल, पैरामेडिक्स और संस्थान शामिल हैं।

4.2.3.2 जैव चिकित्सा अपशिष्ट के लक्षण

जैव चिकित्सा अपशिष्ट को इसके उत्पादन के स्रोत और पर्यावरण पर होने वाले खतरे के स्तर के आधार पर पहचाना जाता है। इसे दो श्रेणियों में वर्गीकृत किया जा सकता है; गैर-खतरनाक अपशिष्ट और खतरनाक अपशिष्ट।

गैर-खतरनाक अपशिष्ट वे अपशिष्ट है, जो लोगों और पर्यावरण के लिए कोई सीधा खतरा पैदा नहीं करते है क्योंकि वे स्वभाव से विषाक्त नहीं होते हैं। लेकिन फिर भी, इसे खुले क्षेत्रों या सीवर लाइन में नहीं फेंकना चाहिए क्योंकि इससे पर्यावरण को खतरा हो सकता है। गैर-खतरनाक अपशिष्ट में धोने का पानी, गत्ते का डिब्बा (पेपर कार्टून), पैकेजिंग सामग्री, बचा हुआ भोजन आदि शामिल हो सकते हैं। ये अपशिष्ट मुख्य रूप से विभिन्न संगठनों, अस्पताल के रखरखाव और स्वास्थ्य देखभाल केंद्रों से उत्पन्न होते हैं।

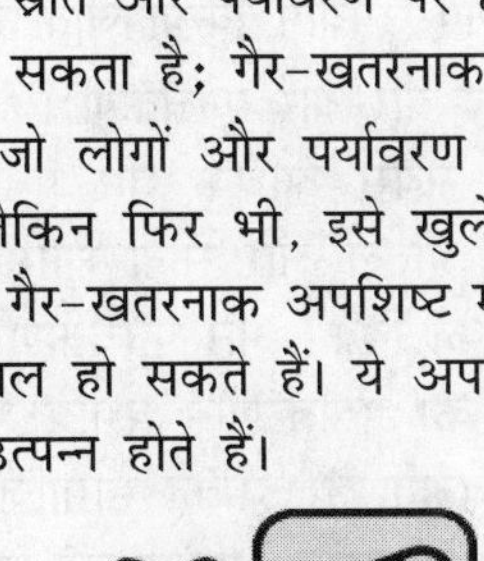

चित्र 4.5: संक्रामक अपशिष्ट

खतरनाक अपशिष्ट वे अपशिष्ट होते हैं जो अपनी विषाक्त और संक्रामक विशेषताओं के कारण लोगों और पर्यावरण के लिए सीधा खतरा पैदा करते हैं। विभिन्न खतरनाक अपशिष्ट में आते हैं:

1. **संक्रामक अपशिष्ट:** संक्रामक अपशिष्ट जिनमे बड़ी मात्रा में पैथोजन्स (बैक्टीरिया, वायरस, परजीवी, कवक आदि) होते हैं, मनुष्यों के लिए खतरा पैदा कर सकते हैं। संक्रामक अपशिष्ट में मानव/पशु ऊतक, संक्रमित रोगियों के मल और मूत्र, रक्त से सनी पट्टियाँ (बैंडेज), सर्जिकल दस्ताने, कल्चर, टीका लगाने के लिए उपयोग किए जाने वाले स्वाब कल्चर, आइसोलेशन वार्ड अपशिष्ट, संक्रमित रोगी के संपर्क में आने वाले उपकरण आदि शामिल हैं।
2. **पैथोलॉजिकल अपशिष्ट:** मानव ऊतक या तरल पदार्थ जैसे, शरीर के अंग, रक्त और शरीर के अन्य तरल पदार्थ, भ्रूण आदि।
3. **फार्मास्युटिकल अपशिष्ट:** इसमें एक्सपायरी डेट की दवाएँ, दूषित फार्मास्युटिकल बोतलें, बॉक्स आदि होते हैं।
4. **रेडियोधर्मी अपशिष्ट:** रेडियोधर्मी अपशिष्ट वहाँ उत्पन्न होते हैं, जहाँ रेडियोधर्मी समस्थानिकों का उपयोग उपचार में किया जाता है जैसे; परमाणु चिकित्सा उपचार, कैंसर उपचार और चिकित्सा उपकरण। रेडियोधर्मी अपशिष्ट में मानव स्वास्थ्य को नुकसान पहुँचाने की क्षमता होती है।
5. **सामान्य अपशिष्ट:** चिकित्सा सुविधाओं से उत्पन्न अपशिष्ट सामान्य घरेलू या कार्यालय के अपशिष्ट से बहुत अलग नहीं होते है। कागज, प्लास्टिक, तरल पदार्थ और सभी अपशिष्ट जो उपरोक्त चार प्रकार के अपशिष्ट में शामिल नहीं हैं, इस श्रेणी के अंतर्गत आते हैं।

4.3 धात्विक अपशिष्ट और अधात्विक अपशिष्ट

औद्योगिक प्रक्रियाओं में प्रतिदिन बहुत अधिक मात्रा में विविध प्रकार की भारी धातुएँ जैसे मिश्र धातु इस्पात (alloy steel), एल्यूमीनियम, तांबा, जस्ता, सीसा आदि का उपयोग होता है। तेजी से बढ़ते औद्योगीकरण ने इन धातुओं की माँग में वृद्धि की है, साथ ही उच्च श्रेणी (high-grade) के अयस्कों के भंडार भी कम हो रहे है। विभिन्न औद्योगिक प्रक्रियाओं के दौरान धातु के अपशिष्ट के रूप में औद्योगिक अपशिष्ट उत्पन्न होते हैं। इन धात्विक अपशिष्टों में Au, Ag, Ni, Cu, Zn, Cr आदि भारी धातुएँ पाई जाती हैं। इन मूल्यवान धातुओं को पुनर्चक्रण प्रक्रिया जैसे कैल्सीनेशन, रोस्टिंग, स्मेल्टिंग (गलाने), रिफाइनिंग आदि द्वारा अपशिष्ट पदार्थों से पुनःप्राप्त कर, इन्हे पुनःउपयोग किया जा सकता है। सूक्ष्मजीव जैसे; पेनिसिलियम, एस्परगिलस एसिड, थियोबैसिलस ट्राईऑक्सेन, लेप्टोस्पाइरल फेरोक्सीडेज और सल्फ्यूरस एसिड का भी धातुओं को पुनर्प्राप्त करने के लिए उपयोग किया जाता है।

धातुओं को उनके गुणों को कम किए बिना बार-बार पुनर्चक्रण किया जा सकता है। अमेरिकन आयरन एंड स्टील इंस्टीट्यूट (AISI) के अनुसार, स्टील ग्रह पर सबसे अधिक बार पुनर्चक्रण किया हुआ प्रदार्थ है। अन्य अत्यधिक पुनर्चक्रण धातुओं में एल्यूमीनियम, तांबा, चांदी, पीतल और सोना शामिल हैं। इनके पुनर्चक्रण गुणों के कारण, स्क्रैप/अपशिष्ट धातु का मूल्य होता है, जो इसे लोगों को बिक्री और पुनर्चक्रण प्रक्रियाओं के लिए एकत्र करने के लिए प्रेरित करता है। वित्तीय लाभों के अलावा, पुनर्चक्रण का पर्यावरणीय प्रभाव भी पड़ता है। स्क्रैप धातुओं का पुनर्चक्रण, हमें प्राकृतिक संसाधनों को संरक्षित करने में सक्षम बनाता है। इसका सामाजिक प्रभाव भी है क्योंकि यह समाज में रोजगार उत्पन्न करने में मदद करता है। पुनर्चक्रण प्रक्रिया में स्क्रैप धातुओं का संग्रह, मिश्रित स्क्रैप धातु धारा (metal stream) से छँटाई, प्रसंस्करण, बड़ी भट्टी में पिघलाना, शुद्धिकरण, ठोस बनाना (solidification) और परिवहन शामिल है।

4.3.1 अधात्विक अपशिष्ट

अधात्विक अपशिष्ट के बड़े हिस्से में बेकार कागज, लकड़ी, स्नेहक (लुब्रीकेंटस), प्लास्टिक, काँच, रबर, कपड़ा, मुद्रित सर्किट बोर्ड आदि होते हैं। बढ़ती उपभोक्ता माँग के कारण, इन अपशिष्ट के उत्पादन की मात्रा दिन-ब-दिन

बढ़ रही है। इन अपशिष्ट पदार्थों की पुनर्चक्रण प्रक्रिया जटिल और विस्तृत है जिसके परिणामस्वरूप डंप और भू-भरण की मात्रा बढ़ जाती है।

चित्र 4.6: अधात्विक अपशिष्ट

4.3.1.1 लुब्रीकेंट

लुब्रीकेंट (स्नेहक) एक पदार्थ है जिसका उपयोग मशीनरी के विभिन्न हिस्सों के बीच घर्षण को कम करने के लिए किया जाता है इस प्रकार टूट-फूट को कम करके मशीन अथवा पार्ट्स के उपयोगी जीवनकाल को बढ़ाया जाता है जिससे ऊर्जा और संसाधनों की बचत होती है। लुब्रीकेंट तरल (तेल, पानी आदि), गैसीय (वायु), या अर्ध-ठोस (ग्रीस) रूपों में भी हो सकते है। इसके उपयोग के आधार पर, लुब्रीकेंट को ऑटोमोटिव, औद्योगिक और समुद्री तेलों के रूप में वर्गीकृत किया जा सकता है। उपयोग किये हुए तेल जैसे; इंजन लुब्रीकेंट तेल, हाइड्रोलिक तरल पदार्थ, और गियर तेल जिनका उपयोग कारों, बाइक या लॉनमूवर (लॉन की घास काटने वाली मशीन) में किया जाता है, अगर उन्हें ठीक से पुनर्चक्रण या निपटान नहीं किया जाता है तो पर्यावरण को प्रदूषित कर सकते हैं। प्रयुक्त तेल को लुब्रीकेंट में पुनः परिष्कृत किया जा सकता है, ईंधन तेलों में संसाधित किया जा सकता है, रिफाइनिंग और पेट्रोकेमिकल उद्योगों के लिए कच्चे माल के रूप में उपयोग किया जा सकता है।

4.3.1.2 प्लास्टिक

हम में से अधिकांश लोग अपने दैनिक गतिविधियों में प्रतिदिन प्लास्टिक की थैलियों का उपयोग करते हैं। पतले प्लास्टिक बैग का उपयोग लगभग हर खुदरा विक्रेता द्वारा किया जाता है। जब भी हम खरीदारी कर रहे होतें हैं, तो आप लगभग गारंटी दे सकते हैं कि आप अपने नए सामानों से भरे प्लास्टिक बैग के साथ ही स्टोर से बाहर जा रहे होंगे। जैसा कि हम सभी जानते हैं कि अधिकांश प्लास्टिक नॉन-बायोडिग्रेडेबल हैं। प्लास्टिक प्रदूषण एक वैश्विक आपदा है और दुख की बात है कि यह मानव निर्मित है। विशेष रूप से समुद्री पारिस्थितिकी तंत्र प्लास्टिक प्रदूषण के परिणामस्वरूप अत्यधिक पीड़ित है। जूट बैग या पेपर बैग या स्वयं के बनाये पर्यावरण के अनुकूल बैग का उपयोग, प्लास्टिक को कम करने के कुछ उपाय हैं। आपको यह भी गर्व महसूस होगा कि आप अपने साथ एक पर्यावरण के अनुकूल बैग ले जा रहे हैं जिसे आपने स्वयं बनाया है। अव्यवस्थित प्लास्टिक कचरे का लगातार बढ़ता द्रव्यमान वैश्विक पारिस्थितिकी तंत्र को महत्वपूर्ण क्षति पहुँचा रहा है। कुछ प्रमुख विनियम (regulations), साथ ही पुनर्चक्रण प्रौद्योगिकियाँ, खतरे को रोकने में साहयता कर रही हैं।

4.3.1.3 रबड़

किसी भी अन्य पॉलीमर (बहुलक) प्रदार्थो की तरह, रबर भी अपने अद्वितीय गुणों के कारण, कई अनुप्रयोगों में आवश्यक प्रदार्थो में से एक है जैसे; उच्च लचीलापन, टिकाऊ और पर्यावरण कारकों के लिए उच्च प्रतिरोध। इन गुणों के कारण, यह ऑटोमोबाइल क्षेत्र, स्वास्थ्य देखभाल (हेल्थ केयर), आवासीय आदि में व्यापक रूप से उपयोग किया जाता है। हालाँकि, रबर का यह अनूठा गुण इसे आसानी से अपक्षय (degrade) नहीं होने देता है। जैसे-जैसे रबर उत्पादों की माँग बढ़ती जा रही है, रबर अपशिष्ट में लगातार वृद्धि हो रही है और यह विश्व स्तर पर पर्यावरण के लिए एक बड़ा खतरा बन गया है। भू-भरण, डंपिंग और खुले में जलाना रबर अपशिष्ट के निपटान के सामान्य तरीकों में से हैं, जिससे जल, वायु और मृदा प्रदूषण होता है। इसलिए, रबर अपशिष्ट का स्थायी तरीके से प्रबंधन पुनःउपयोग, पुनर्चक्रण, पुनर्प्राप्ति और पायरोलिसिस प्रक्रिया के माध्यम से करना बहुत महत्वपूर्ण है। घिसे हुए रबर का पुनः उपयोग करें, अर्थात टायरों को रिट्रेडिंग (पुनर्व्यापार) और पुनः उपयोग करके। रबर अपशिष्ट के पुनर्चक्रण में, फेंके गए रबर का विभिन्न अनुप्रयोगों में उपयोग करना शामिल है जैसे; कटाव नियंत्रण, बैक वाटर और फ्लोटेशन डिवाइस, सीमेंट कंक्रीट, बिटुमेन उत्पादों आदि में। पुनर्प्राप्ति विधि में, रबर अपशिष्ट का उपयोग ईंधन स्रोत के रूप में उच्च तापमान प्रक्रिया के लिए किया जाता है जैसे; भाप उत्पादन, सीमेंट भट्टी आदि में। पायरोलिसिस प्रक्रिया का उपयोग करके रबर अपशिष्ट के मूलभूत घटक जैसे गैस, तेल आदि उत्पन्न होते हैं।

4.4 संग्रह और निपटान

म्युनिसिपल ठोस अपशिष्ट (MSW) में प्रतिदिन उपयोग में आने वाली वस्तुएँ सम्मिलित है, जिनका उपयोग कर हम फेंक देते हैं। यह मुख्य रूप से हमारे घरों, स्कूलों, कॉलेजों, कार्यालयों, व्यापार केंद्रों, अस्पतालों आदि से आता है। इन अपशिष्ट को दो श्रेणियों में वर्गीकृत किया जा सकता है: (i) जैव निम्नीकरणीय अपशिष्ट जैसे; भोजन और रसोई से निकलने वाला अपशिष्ट, फूल, पत्ते, फल, कागज आदि। (ii) अजैव निम्नीकरणीय अपशिष्ट जैसे; निर्माण और विध्वंस अपशिष्ट, प्लास्टिक, गिलास, ई-अपशिष्ट आदि। तेजी से बढ़ते शहरीकरण के कारण, देश म्युनिसिपल ठोस अपशिष्ट प्रबंधन में कड़ी चुनौतियों का सामना कर रहा है। ठोस अपशिष्ट प्रबंधन में तीन बुनियादी कार्यात्मक तत्व शामिल हैं; ठोस कचरे का संग्रह, प्रसंस्करण और निपटान।

चित्र 4.7: ठोस अपशिष्ट का संग्रह और निपटान

4.4.1 म्युनिसिपल ठोस अपशिष्ट का संग्रहण

ठोस अपशिष्ट संग्रहण, ठोस अपशिष्ट प्रबंधन का पहला कार्यात्मक तत्व (functional element) है। म्युनिसिपल ठोस अपशिष्ट का संग्रह एक सार्वजनिक सेवा है और इसका सार्वजनिक स्वास्थ्य और कस्बों तथा शहरों की सुंदरता (appearance) पर बड़ा प्रभाव पड़ता है। यह आवासीय, संस्थागत, वाणिज्यिक, सार्वजनिक पार्क और औद्योगिक क्षेत्र जैसे स्थानों से ठोस अपशिष्ट के संग्रह को संदर्भित करता है। ठोस अपशिष्ट संग्रह की निम्नलिखित बुनियादी संग्रह प्रणाली, सेवाओं की उपलब्धता के आधार पर अपनाई जा सकती है:

डोर-टू-डोर संग्रह: यह ठोस अपशिष्ट संग्रह की सबसे अधिक उपयोग की जाने वाली प्रणाली है। यह पूर्व-सूचित समय और समय-सारणी के अनुसार नियमित आधार पर किया जाता है।

सड़क के किनारे/ पगडंडी से संग्रह: इस प्रणाली में, अपशिष्ट उत्पन्न करने वाले अपने कचरे के कंटेनर या बैग को सड़क के किनारे या पगडंडी पर संग्रह के लिए पूर्व-निर्धारित दिन/या दिनों में रखते हैं।

ब्लॉक कलेक्शन सिस्टम: इस प्रणाली में अपशिष्ट उत्पन्न करने वाले अपने कचरे को कलेक्शन व्हीकल तक लाने के लिए जिम्मेदार होते हैं।

सामुदायिक प्रणाली: इस प्रणाली में संग्रह बिंदु (collection points)/कंटेनर सार्वजनिक स्थान पर स्थित होते हैं और अपशिष्ट उत्पन्न करने वालों को अपने कचरे को निर्दिष्ट स्थान/कंटेनर में रखने की आवश्यकता होती है।

संचालन के तरीके के आधार पर, संग्रह बिंदुओं से ठोस अपशिष्ट के संग्रह की दो प्रकार की प्रणाली (सिस्टम) हो सकती हैं; (i) हाउल्ड-कंटेनर सिस्टम और (ii) स्टेशनरी-कंटेनर सिस्टम।

हाउल्ड-कंटेनर सिस्टम, में खाली स्टोरेज कंटेनर जिसे ड्रॉप-ऑफ बॉक्स भी कहा जाता है, को अपशिष्ट से भरे कंटेनर से बदलने के लिए स्टोरेज साइट पर ले जाया जाता है, जिसे बाद में प्रसंस्करण बिंदु (processing point), स्थानांतरण स्टेशन (transfer station) या निपटान स्थल (disposal site) पर ले जाया जाता है।

स्टेशनरी-कंटेनर सिस्टम, में अपशिष्ट के भंडारण के लिए उपयोग किए जाने वाले कंटेनर संग्रह बिंदु पर रहते हैं। संग्रह वाहन भंडारण कंटेनरों के साथ रुकता है और संग्रह दल भंडारण कंटेनरों से कचरे को संग्रह वाहनों में भरते (लोड करते) हैं और फिर कचरे को प्रसंस्करण बिंदु, स्थानांतरण स्टेशन या निपटान स्थल पर ले जाया जाता है।

4.4.2 म्युनिसिपल ठोस अपशिष्ट का निपटान

संग्रह और प्रसंस्करण के बाद ठोस अपशिष्ट प्रबंधन का तीसरा कार्यात्मक तत्व निपटान (disposal) है। अतीत में, नदी और समुद्र में अपशिष्ट को डंप और निपटान करना आम बात थी। वर्तमान में, अंतर्निहित पर्यावरणीय समस्या के कारण, इसकी अनुमति नहीं है। हालाँकि, खुले क्षेत्र में कचरा डंप करना और जलाना भारत में सबसे प्रचलित तरीकों में से एक रहा है। अधिकांश शहर और कस्बे शहर के बाहरी इलाके के निचले क्षेत्र (low lying area) में अपने कचरे का निपटान करते हैं, जिससे विभिन्न पर्यावरण और मानव स्वास्थ्य संबंधी समस्याएँ उत्पन्न होती हैं। सड़क किनारे फेंका गया कचरा, कभी-कभी नालियों से बहकर या नदी की सतह पर तैरता है। वर्तमान में, म्युनिसिपल ठोस अपशिष्ट के निपटान के लिए सैनिटरी लैंडफिल पद्धति का ज्यादातर उपयोग किया जा रहा है।

4.4.3 3R, सिद्धांत

अपशिष्ट को कम करने, संसाधनों और उत्पादों के पुनःउपयोग और पुनर्चक्रण के सिद्धांत को 3Rs कहा जाता है। सभी 3R हमें हमारे द्वारा उत्पन्न अपशिष्ट की मात्रा को कम करने में मदद करते हैं। यह ठोस अपशिष्ट प्रबंधन के सिद्धांतों में से एक है। मूल रूप से, 3R अवधारणा चरणों का एक क्रम है अपशिष्ट को किस प्रकार उचित रूप से प्रबंधित किया जाए।

3Rs में प्रथम R है Reducing (कम करना): ठोस अपशिष्ट के प्रबंधन में 'रीडूसिंग (कम करना)' सबसे अच्छा तरीका है। यह काफी सरल है, आप जितना कम उपयोग करेंगे उतना ही कम कचरा आप पैदा करेंगे। नीचे दिए गए कुछ तरीके अपशिष्ट कम उत्पन्न हो, इसमें मदद कर सकते हैं:

- पैकेजिंग से उत्पन्न कचरे को कम करने के लिए कम पैकेजिंग वाले उत्पादों को खरीदना।
- डिस्पोजेबल सामान जैसे पेपर प्लेट, कप, नैपकिन आदि से बचना।
- बार-बार निपटान (डिस्पोजल) से बचने के लिए टिकाऊ सामान खरीदना।
- जहाँ भी संभव हो संचार के लिए इलेक्ट्रॉनिक मेल का प्रयोग करना।

3Rs में द्वितीय R है Reuse (पुनःउपयोग): यह उत्पादों के 'रीयुस (पुनःउपयोग)' के लिए आर्थिक और पर्यावरणीय समझ बनाता है। यदि आप किसी वस्तु को फेंकने के बजाय उसका पुनः उपयोग करते हैं तो वह उसे लैंडफिल से दूर रखता है। कभी-कभी इसमें रचनात्मकता भी शामिल होती है। कुछ तरीकों का उल्लेख नीचे किया गया है:

- उत्पादों का विभिन्न तरीकों से पुनःउपयोग करें। उदाहरण के लिए, टिफिन पैक करने के लिए कॉफी कैन का उपयोग कर सकते है; पिकनिक व्यंजन के रूप में प्लास्टिक माइक्रोवेव डिनर ट्रे का उपयोग कर सकते है।
- पुराने कपड़े, उपकरण, खिलौने और फर्नीचर बेचें या उन्हें दान में दें सकते है।
- पेपर कप के बजाय सिरेमिक कॉफी मग का प्रयोग कर सकते है।
- किराना बैग का उपयोग करें या अपने स्वयं का बैग दुकान में लेकर जाएँ। दुकान से बैग तब तक न लें जब तक आपको जरूरत न हो।

3Rs में तृतीय और संभवत सबसे प्रसिद्ध R, Recycling (पुनःचक्रण) है। इसमें आवश्यक पुनःचक्रण प्रक्रिया का उपयोग करके पुरानी और प्रयुक्त सामग्री से नए उत्पादों का निर्माण शामिल है। घर और कार्य स्थल पर रीसाइक्लिंग शुरू करें:

- रीसाइकल्ड (पूणःचक्रण) सामग्री से बने उत्पाद खरीदें।
- ऑफिस आपूर्ति, उपकरण आदि के लिए रीसाइकल्ड कि हुई सामग्री खरीदें।
- लेटरहेड, कॉपियर पेपर, न्यूजलेटर आदि के लिए रीसाइकल्ड कागज का उपयोग करें।

4.4.4 एनर्जी रिकवरी

अपशिष्ट से ऊर्जा की पुनर्प्राप्ति (Energy Recovery) अर्थात अपशिष्ट को ऊर्जा के विभिन्न रूपों जैसे; ऊष्मा, बिजली, ईंधन आदि में बदलना। यह विभिन्न प्रक्रियाओं के माध्यम से किया जा सकता है, जैसे कि दहन, गैसीकरण, अवायवीय पाचन आदि। म्युनिसिपल ठोस अपशिष्ट में कार्बनिक, अकार्बनिक दोनों पदार्थ साथ ही होते हैं। इसके कार्बनिक अंश में मौजूद गुप्त ऊर्जा (latent energy) को उचित अपशिष्ट प्रसंस्करण और उपचार पद्धतियों को अपनाकर उपयुक्त उपयोग के लिए पुनर्प्राप्त किया जा सकता है। ऊर्जा की रिकवरी के अलावा, कुछ अतिरिक्त लाभ भी प्राप्त होता है हैं जिनका उल्लेख नीचे किया गया है:

- अपशिष्ट की संरचना और अपनाई गई तकनीक के आधार पर अपशिष्ट की कुल मात्रा काफी कम हो जाती है।
- लैंडफिलिंग के लिए जगह की माँग कम हो जाती है। दूर-दराज के लैंडफिल (भू-भरण) स्थलों तक अपशिष्ट के परिवहन की लागत भी उसी अनुपात में कम हो जाती है।
- पर्यावरण प्रदूषण में समग्र कमी।

इसलिए, अपशिष्ट से ऊर्जा की रिकवरी का विकल्प खुला रखा जा सकता है और इसे 3Rs अवधारणा के साथ अपशिष्ट प्रबंधन की समग्र योजना में शामिल किया जाना चाहिए। अपशिष्ट के कार्बनिक अंश (बायोडिग्रेडेबल के साथ-साथ नॉन-बायोडिग्रेडेबल) से ऊर्जा को मूलतः नीचे उल्लिखित दो विधियों से पुनर्प्राप्ति किया जा सकता है:

(i) **ऊष्म-रासायनिक रूपांतरण:** इस प्रक्रिया में, ऊष्मा ऊर्जा या ईंधन तेल/गैस का उत्पादन करने के लिए, कार्बनिक पदार्थों को ऊष्मा अपघटन (thermal decomposition) का उपयोग करके विघटित किया जाता है। यह प्रक्रिया उन अपशिष्टों के लिए उपयोगी है जिनमें कार्बनिक नॉन-बायोडिग्रेडेबल (अजैव निम्नीकरणीय) पदार्थ की उच्च्च प्रतिशत और नमी की मात्रा (मॉइस्चर कंटेंट) कम होती है। इस श्रेणी के अंतर्गत मुख्य तकनीकी विकल्पों में भस्मीकरण और पायरोलिसिस/गैसीकरण शामिल हैं।

(ii) **जैव-रासायनिक रूपांतरण:** इस प्रक्रिया में कार्बनिक पदार्थों को सूक्ष्मजीव क्रिया द्वारा मीथेन गैस के उत्पादन के लिए विघटित किया जाता है। इस प्रक्रिया को उन अपशिष्टों के लिए प्राथमिकता दी जाती है जिनमें कार्बनिक जैव-अवक्रमणीय (बायो-डिग्रेडेबल) पदार्थ का उच्च्च प्रतिशत के साथ उच्च्च स्तर की नमी की मात्रा होती है, जो माइक्रोबियल गतिविधि में सहायक है। अवायवीय पाचन इस श्रेणी के अंतर्गत मुख्य तकनीकी विकल्प है।

ऊर्जा पुनर्प्राप्ति (एनर्जी रिकवरी) को प्रभावित करने वाले पैरामीटर: अपशिष्ट (MSW सहित) से ऊर्जा की पुनर्प्राप्ति को प्रभावित करने वाले पैरामीटर (प्राचल) में शामिल हैं: अपशिष्ट की मात्रा, इसकी भौतिक और रासायनिक विशेषताएँ (गुणवत्ता)। ऊर्जा का वास्तविक उत्पादन भी उपरोक्त दो मापदंडों के अतिरिक्त नियोजित विशिष्ट उपचार प्रक्रिया पर निर्भर करता है।

4.4.5 सेनेटरी लैंडफिल

सेनेटरी लैंडफिल अपशिष्ट निपटान की विधि है जिसका उपयोग वर्त्तमान समय में अधिक किया जाता है। यह अपशिष्ट निपटान का इंजीनियरिंग तरीका है। इसमें जमीन पर अपशिष्ट को फैलाना, उसे दबाना (compacting) और कार्य दिवस के अंत में या अन्य उपयुक्त अंतराल पर मिट्टी से ढक देना शामिल है। सैनिटरी लैंड फिलिंग की आम तौर पर दो विधियाँ हैं; क्षेत्र विधि (area method) और ट्रेंच विधि (trench method)। क्षेत्र विधि का उपयोग तब किया जाता है, जब उत्खनन संभव नहीं होता है, खासकर जब भूजल स्तर अधिक होता है। ट्रेंच (खाई) विधि का उपयोग तब किया जाता है, जब उत्खनन संभव होता है। इस पद्धति में यह लाभ है की खुदाई से निकली मिट्टी को साइट पर ही कवर सामग्री के रूप मैं उपयोग कर पाते है। सेनेटरी लैंडफिल साइट को सुरक्षित होने तक पर्यावरण से अलग रखा जाता है। जब यह जैविक, रासायनिक और भौतिक रूप से पूरी तरह से निम्नीकृत (डीग्रेड) हो जाती है, तब इसे पर्यावरण के लिए सुरक्षित माना जाता है। सैनिटरी लैंडफिल के उपोत्पाद (by-product) से उत्पादित गैस को ईंधन के रूप में दहन के लिए उपयोग किया जा सकता है या उन्हें किसी अन्य ईंधन में संसाधित किया जा सकता है।

4.4.6 खतरनाक अपशिष्ट

उद्योगों, अस्पतालों, घरों से उत्पन्न अपशिष्ट जिनमें जहरीले पदार्थ हो सकते हैं, खतरनाक अपशिष्ट के रूप में जाने जाते हैं। ये अपशिष्ट ठोस, तरल या गैस के रूप में हो सकते हैं। यह मानव स्वास्थ्य और पर्यावरण पर बहुत हानिकारक प्रभाव डाल सकते हैं, जब इनका अनुपयुक्त उपचार या प्रबंधन किया जाता है। खतरनाक अपशिष्ट का अनुचित भंडारण या निपटान अक्सर भू-जल और सतही जल को दूषित करता है। यह खतरनाक भूमि प्रदूषण का स्रोत भी हो सकता है। कई पीड़कनाशक, शाकनाशी, पेंट, औद्योगिक सॉल्वेंट्स, फ्लोरोसेंट लाइट बल्ब और लेड (पारा) युक्त बैटरी को खतरनाक कचरे के रूप में वर्गीकृत किया जाता है, उसी प्रकार चिकित्सा अपशिष्ट उत्पाद जैसे कल्चर्स, मानव ऊतक, दूषित दस्ताने, शार्प, पीपीई किट आदि को भी।

खतरनाक अपशिष्ट को इनके हानिकारक गुणों के कारण, हमारे दैनिक जीवन के अन्य उप-उत्पादों की तरह सामान्य तरीकों से नहीं निपटाया जा सकता है। अपशिष्ट की भौतिक और रासायनिक स्थिति के आधार पर, उपचार और ठोसकरण प्रक्रियाओं की आवश्यकता हो सकती है। खतरनाक कचरे का वैज्ञानिक तरीके से उपचार करने की जरूरत है। खतरनाक अपशिष्ट में ज्वलनशीलता, प्रतिक्रियाशीलता और संक्षारकता जैसे कोई भी गुण हो सकते है।

चित्र 4.8: खतरनाक अपशिष्ट

खतरनाक अपशिष्ट का निपटान

नागरिकों और उद्योगों के स्वामी दोनों के लिए खतरनाक अपशिष्ट का उचित तरीके से निपटान करना बहुत आवश्यक है। इतिहास के अनुसार, इन अपशिष्ट को नियमित रूप से लैंडफिल में निपटाया जाता था। हमारे प्राकृतिक जल तंत्र, फेंके गए अपशिष्ट से लगातार रिसने वाले रसायनों के कारण दूषित हो जाते थे, वे फिर मनुष्यों के साथ-साथ पशुओं और जलीय जीवों के लिए भी बहुत हानिकारक थे। इसलिए, यह बहुत आवश्यक है कि खतरनाक अपशिष्ट का उचित निपटान किया जाए ताकि इनके हानिकारक प्रभावों को यथासंभव कम किया जा सके। खतरनाक अपशिष्ट के सुरक्षित निपटान के लिए आगे दी गई कुछ विधियों को अपनाया जा सकता है।

भस्मीकरण: अपशिष्ट पदार्थों को उच्च तापमान में जलाने से जहरीले अपशिष्ट नष्ट हो सकते हैं। यद्यपि भस्मीकरण की विधि से जहरीली गैसें निकलती हैं जो हमारे पर्यावरण को प्रभावित कर सकती हैं, लेकिन आजकल अधिक प्रभावी भस्मक विकसित किए गए हैं जो वातावरण में जारी उत्सर्जन की मात्रा को सीमित करते हैं। ज्वलनशील अपशिष्ट को भी जलाया जा सकता है और ऊर्जा स्रोतों के रूप में इस्तेमाल किया जा सकता है।

पुनर्चक्रण: यह खतरनाक कचरे की मात्रा को कम करने के सर्वोत्तम तरीकों में से एक है। हमें, उपयोग की गई सामग्रियों को फेंकने के बजाय पुन:उपयोग करने का प्रयास करना चाहिए, हालाँकि इसमें कुछ रचनात्मकता की आवश्यकता हो सकती है। अधिकांश ज्वलनशील पदार्थों को औद्योगिक ईंधन में पुनर्चक्रण (रीसाइकिल) किया जा सकता है। खतरनाक घटकों वाले कुछ प्रदार्थों को पुनर्चक्रण किया जा सकता है, जैसे लेड एसिड बैटरी आदि।

साझा करना या दान करना: यदि आपके पास कुछ अतिरिक्त है और इसे अनुपयोगी पाते हैं, तो इसे किसी ऐसे व्यक्ति को साझा या दान किया जा सकता है जिसे इसकी आवश्यकता है। साझा करने या दान करने से आप खतरनाक अपशिष्ट उत्पादन को कम करने में सक्षम होंगे।

4.5 वायु गुणवत्ता अधिनियम 2004

वायु गुणवत्ता अधिनियम, 2004 को 24 फरवरी 2005 को अधिनियम संख्या 39, 2004 के तहत दक्षिण अफ्रीका गणराज्य के सरकारी राजपत्र, खंड 476 में अधिसूचित किया गया था।

अधिनियम

पर्यावरण की रक्षा के लिए वायु गुणवत्ता को विनियमित करने वाले कानून में सुधार करना, प्रदूषण और पारिस्थितिक निम्नीकरण की रोकथाम के लिए उचित उपाय प्रदान करके और न्यायोचित आर्थिक और सामाजिक विकास को बढ़ावा देते हुए पारिस्थितिक रूप से सतत विकास को सुनिश्चित करने के लिए; सरकार के सभी क्षेत्रों द्वारा वायु गुणवत्ता निगरानी, प्रबंधन और नियंत्रण को विनियमित करने वाले राष्ट्रीय मानदंडों और मानकों को प्रदान करना; विशिष्ट वायु गुणवत्ता उपायों के लिए; और उससे संबंधित मामलों के लिए।

अधिनियम का उद्देश्य

(a) पर्यावरण की रक्षा के लिए उचित उपाय प्रदान करके।
   (i) गणतंत्र में वायु की गुणवत्ता की सुरक्षा और वृद्धि;
   (ii) वायु प्रदूषण और पारिस्थितिक निम्नीकरण की रोकथाम; तथा
   (iii) न्यायोचित आर्थिक और सामाजिक विकास को बढ़ावा देते हुए पारिस्थितिक रूप से सतत विकास को सुनिश्चित करना;

(b) आमतौर पर दक्षिण अफ्रीका के संविधान की धारा 24(बी) को प्रभावी बनाने के लिए परिवेशी वायु की गुणवत्ता को बढ़ाने के लिए एक ऐसे वातावरण को सुनिश्चित करने के लिए जो लोगों के स्वास्थ्य और कल्याण के लिए हानिकारक नहीं है।

अधिनियम की धाराओं में कुल नौ अध्याय शामिल हैं। अध्याय 1 अर्थ और मौलिक सिद्धांतों पर चर्चा करता है; अध्याय 2 राष्ट्रीय ढाँचे और राष्ट्रीय, प्रांतीय और स्थानीय मानकों के विषय में है; अध्याय 3 संस्थागत और नियोजन संबधी मामले; वायु गुणवत्ता प्रबंधन उपायों पर अध्याय 4 में चर्चा की गई है; अध्याय 5 सूचीबद्ध गतिविधियों के लाइसेंस से संबंधित है; अंतर्राष्ट्रीय वायु गुणवत्ता प्रबंधन अध्याय 6 में वर्णित है; अध्याय 7 अपराधों और दंड के बारे में है; अध्याय 8 में सामान्य मामलों पर चर्चा की गई है और अध्याय 9 विविध मामलों से संबंधित है।

वायु गुणवत्ता अधिनियम 2004 को दिए गए वेबसाइट लिंक से डाउनलोड किया जा सकता है: "https://www.environment.gov.za/sites/default/files/legislations/nema_amendment_act39.pdf"

4.5.1 वायु प्रदूषण नियंत्रण अधिनियम 1981

अधिनियम भारत के संविधान के अनुच्छेद 253 के तहत और स्टॉकहोम सम्मेलन के निर्णयों के अनुसरण में पारित किया गया था और वायु प्रदूषण के निवारण, नियंत्रण और उपशमन के उद्देश्य के साथ भारत गणराज्य के 32 वें वर्ष में संसद द्वारा अधिनियमित किया गया था। यह पचास से अधिक धारा वाला व्यापक विधान भी है।

उद्देश्य:

- केंद्रीय और राज्य बोर्डों की स्थापना करना और उन्हें वायु गुणवत्ता की निगरानी और प्रदूषण को नियंत्रित करने के लिए सशक्त बनाना।
- वायु प्रदूषण का निवारण, नियंत्रण और उपशमन।
- बोर्डों को अधिनियम के प्रावधानों को लागू करने और प्रदूषण से संबंधित कार्यों को बोर्ड को सौंपने की शक्तियाँ प्रदान करना।

भारत में वायु प्रदूषण की रोकथाम, नियंत्रण और उपशमन के लिए, वायु (प्रदूषण निवारण एवं नियंत्रण) अधिनियम वर्ष 1981 में अधिनियमित किया गया और वर्ष 1987 में संशोधन किया गया था। अधिनियम कुछ प्रासंगिक शब्दों जैसे वायु प्रदूषण, वायु प्रदूषक, ऑटोमोबाइल, औद्योगिक संयंत्र आदि को भी परिभाषित करता है।

अत्यधिक प्रदूषित क्षेत्रों को "वायु प्रदूषण नियंत्रण क्षेत्र" कहा जाता है और जहाँ राज्य प्रदूषण नियंत्रण बोर्ड (SPCB) की पूर्व सहमति या अनुमति के बिना कोई भी औद्योगिक सयंत्र संचालित नहीं किये जा सकते है। वायु प्रदूषण को नियंत्रित करने और रोकथाम का कार्य केंद्रीय और राज्य बोर्डों को दिया जाता है। राज्य बोर्डों के पास वायु को प्रदूषित करने से रोकने के लिए प्रदूषण फैलाने वालो पर अदालत में आरोप लगाने का अधिकार है। बोर्ड के पास किसी भी व्यक्ति को प्रदूषण फैलाने वाले (polluter) के परिसर में प्रवेश और निरीक्षण करने और प्रदूषकों जैसे; चिमनी, फ्लू (flue), नलिकाओं (ducts) या किसी अन्य आउटलेट से उत्सर्जन के विश्लेषण के लिए नमूने एकत्र करने के लिए अधिकृत करने की शक्तियाँ हैं।

वायु प्रदूषण नियंत्रण अधिनियम, 1981 को दिए गए वेबसाइट लिंक से डाउनलोड किया जा सकता है:

https://legislative.gov.in/sites/default/files/A1981-14.pdf

4.5.2 जल (प्रदूषण निवारण एवं नियंत्रण) अधिनियम 1974

जल (प्रदूषण निवारण एवं नियंत्रण) अधिनियम, 1974 में जल प्रदूषण की रोकथाम और नियंत्रण तथा देश में जल की प्रचुरता बनाए रखने या बहाल करने के लिए अधिनियमित किया गया था। वर्ष 1988 में इस अधिनियम को संशोधित किया गया। जल (प्रदूषण निवारण एवं नियंत्रण) उपकर अधिनियम, 1977 में अधिनियमित किया गया था, कतिपय औद्योगिक गतिविधियों को संचालित करने और चलाने वाले व्यक्तियों द्वारा उपयोग किए गए पानी पर उपकर लगाने और वसूल करने का प्रावधान किया गया था। जल (प्रदूषण निवारण एवं नियंत्रण) अधिनियम, 1974 के अंतर्गत गठित जल प्रदूषण की रोकथाम और नियंत्रण के लिए केंद्रीय बोर्ड और राज्य बोर्डों के संसाधनों को बढ़ाने के उद्देश्य से यह उपकर संग्रहित किया जाता है। यह अधिनियम अंतिम वार वर्ष 2003 में संशोधित किया गया था।

यह अधिनियम जल प्रदूषण की रोकथाम और नियंत्रण तथा देश में जल की प्रचुरता बनाए रखने/बहाल करने के लिए अधिकार प्रदान करता है; और बोर्ड की स्थापना में सहायता करता है, जिसके पास जल प्रदूषण की रोकथाम और नियंत्रण के संदर्भ में गतिविधियाँ संचालित करने एवं हस्तक्षेप करने की शक्तियाँ एवं कार्य हैं।

अनुच्छेद 51A (g) के अनुसार भारत के प्रत्येक नागरिक का मौलिक कर्तव्य है कि वह वन, झीलों, नदियों और वन्यजीवों सहित प्राकृतिक पर्यावरण की रक्षा और सुधार करे और जीवित प्राणियों के प्रति दया रखे। भारत में जल प्रदूषण की रोकथाम और नियंत्रण के उद्देश्य से जल अधिनियम बनाया गया है।

उद्देश्य

- जल प्रदूषण की रोकथाम, नियंत्रण और उपशमन के लिए प्रावधान करना।
- अधिनियम केंद्रीय और राज्य बोर्डों की स्थापना को निर्धारित करता है और यह निर्धारित करता है कि इन बोर्डों की स्थापना कैसे की जानी चाहिए।
- अधिनियम प्रदूषण, सीवेज, वाणिज्यिक प्रदूषण, वितरण आदि जैसे शब्दों को परिभाषित करता है।
- अधिनियम केंद्रीय और राज्य बोर्डों के कार्यों का भी प्रावधान करता है।
- जल बोर्डों के पास सूचना प्राप्त करने, उद्योग/उपयोग में आने वाले किसी क्षेत्र से प्रदूषण के नमूने लेने और किसी भी क्षेत्र में

अनुसंधान करने और किसी भी धारा या स्रोत के प्रवाह या मात्रा और अन्य पहलुओं का रिकॉर्ड मापने और बनाए रखने (measure-maintain) की शक्ति है।

4.6 केंद्रीय और राज्य प्रदूषण नियंत्रण बोर्ड की संरचना और भूमिका

केंद्रीय प्रदूषण नियंत्रण बोर्ड (CPCB), एक वैधानिक संगठन हैं, इसका गठन सितंबर, 1974 में जल (प्रदूषण निवारण एवं नियंत्रण) अधिनियम, 1974 के अंतर्गत किया गया था। ब्ब्ठ को वायु (प्रदूषण निवारण एवं नियंत्रण) अधिनियम, 1981 के अधीन शक्तियाँ और कार्य सौंपे गए थे। यह पर्यावरण, वन और जलवायु परिवर्तन मंत्रालय के फील्ड संघटन का कार्य करता है तथा मंत्रालय को पर्यावरण (संरक्षण) अधिनियम, 1986 के उपबंधों/प्रावधानों के बारे में तकनीकी सेवाएं भी प्रदान करता है।

4.6.1 केंद्रीय प्रदूषण नियंत्रण बोर्ड की संगठनात्मक संरचना

केंद्रीय बोर्ड में निम्नलिखित सदस्य होते हैं:

- एक पूर्णकालिक अध्यक्ष, जिसे पर्यावरण संरक्षण से संबंधित विषयों का ज्ञान या व्यावहारिक अनुभव हो और जिसे केंद्र सरकार द्वारा नामित किया जाएगा।
- एक पूर्णकालिक सदस्य-सचिव, जिसे प्रदूषण नियंत्रण के इंजीनियरिंग और प्रबंधन पहलुओं का ज्ञान और अनुभव हो, जिसे केंद्र सरकार द्वारा नामित किया जाएगा।
- पांच से अनधिक व्यक्ति राज्य बोर्डों के सदस्यों में से, तीन से अनधिक अशासकीय सदस्य कृषि, मत्स्य, उधोग या व्यापार आदि के हितों का प्रतिनिधित्व करने के लिए सरकार द्वारा नामित किए जाते हैं।
- विस्तृत संगठनात्मक संरचना के लिए वेबसाइट लिंक: www.cpcb.nic.in.

4.6.2 राष्ट्रीय स्तर पर केंद्रीय बोर्ड के कार्य

केंद्रीय बोर्ड के कार्यों का उल्लेख नीचे किया गया है:

- जल एवं वायु प्रदूषण के निवारण एवं नियंत्रण और वायु गुणवत्ता में सुधार से संबंधित किसी भी मामले पर केंद्र सरकार को सलाह देना।
- जल और वायु प्रदूषण के निवारण, नियंत्रण या उपशमन (abatement) हेतु एक राष्ट्रव्यापी कार्यक्रम की योजना बनाना।
- राज्य बोर्ड की गतिविधियों के बीच समन्वय स्थापित करना और उनके बीच विवादों को सुलझाना।
- जल एवं वायु प्रदूषण के निवारण, नियंत्रण एवं कमी की शिकायत के संबध में राज्य बोर्डों को तकनीकी सहायता एव मार्गदर्शन उपलब्ध कराना, कार्य करना और जांच एवं अनुसंधान प्रायोजित करना।
- जल एवं वायु प्रदूषण के निवारण, नियंत्रण और कमी में लगे हुए कार्मियों हेतु प्रशिक्षण की योजना बनाना एवं प्रशिक्षण आयोजित करना।
- मास मीडिया के माध्यम से जल एवं वायु प्रदूषण के निवारण, नियंत्रण या उपशमन (कमी) पर व्यापक जन जागरूकता कार्यक्रम आयोजित करना।
- जल एवं वायु प्रदूषण से संबधित तकनीकी और सांख्यिकीय आंकड़ों का संग्रह, संकलन और प्रकाशन करना और उनके प्रभावी निवारण, नियंत्रण या कमी हेतु उपाय करना।
- चिमनी गैस सफाई यंत्र, चिमनी एवं वाहिका सहित सीवेज, व्यापारिक बहिस्रावों के उपचार एवं निपटान हेतु मैनुअल, कोड और दिशा-निर्देश तैयार करना।
- जल एवं वायु प्रदूषण के निवारण एवं नियंत्रण से संबंधित मामलों के संदर्भ में सूचना प्रसारित करना।
- संबंधित राज्य सरकारों के परामर्श से, नदियों एवं कुओं के मानकों को निर्धारित करना, संशोधित करना या रद्द करना और हवा की गुणवत्ता के लिए मानक निर्धारित करना।
- भारत सरकार द्वारा निर्धारित किए गए इसी प्रकार के अन्य कार्य करना।

4.6.3 राज्य प्रदूषण नियंत्रण बोर्ड की संरचना और भूमिका

प्रत्येक राज्य का अपना प्रदूषण नियंत्रण बोर्ड (PCB) या प्रदूषण नियंत्रण समिति (PCC) होती है। यह संबंधित राज्य के अधिकार क्षेत्र में पर्यावरण कानूनों एवं नियमों को लागू करने के लिए स्थापित किया गया है। प्रत्येक PCB/PCC का मुख्य कार्य लोगों में सतत विकास के विषय में जागरूकता पैदा करने और सभी हितधारकों की मदद से राज्य में प्रदूषण मुक्त वातावरण के लिए हाथ मिलाना है। राज्य प्रदूषण नियंत्रण बोर्ड (SPCB), केंद्रीय प्रदूषण नियंत्रण बोर्ड की देखरेख में कार्य करते है। CPCB ने SPCB को अपने सभी कार्य और शक्तियां प्रदान की हैं।

बोर्ड के कार्य: SPCB का प्राथमिक उद्देश्य उद्योगों और उद्यमियों को पर्यावरण की सुरक्षा के लिए अपनी जिम्मेदारियों का निर्वहन करने में सहायता करना है। राज्य प्रदूषण नियंत्रण बोर्ड के प्रमुख कार्य हैं:

- परिवेशी वायु गुणवत्ता का आकलन।
- पानी की गुणवत्ता का आकलन।
- पर्यावरण प्रदूषण को ध्यान में रखते हुए एनओसी (अनापत्ति प्रमाण पत्र) जारी करना।
- वायु प्रदूषण अधिनियम 1981 की धारा 21 के प्रावधानों के तहत सहमति जारी करना।
- जल प्रदूषण अधिनियम 1974 की धारा 25/26 के प्रावधानों के तहत सहमति जारी करना।
- जल उपकर अधिनियम 1977 के प्रावधान के तहत जल उपकर का संग्रहण और मूल्यांकन।
- म्युनिसिपल और औद्योगिक प्रदूषण स्रोतों का आकलन और पहचान और नियंत्रण।
- जन जागरूकता कार्यक्रम आयोजित करना।
- प्रदूषण नियंत्रण प्रौद्योगिकियों का विकास।
- उत्सर्जन और बहि:स्राव मानकों की अधिसूचना जारी करना।
- चूककर्ताओं के खिलाफ कानूनी कार्रवाई शुरू करना।
- जैव चिकित्सा अपशिष्ट नियम, 1998 को लागू करना।
- खतरनाक अपशिष्ट प्रबंधन नियम, 1989 के तहत प्राधिकार जारी करना।

SPCB पर लागू कानून: SPCB के कार्यों के लिए निम्नलिखित कानून लागू हैं:

- वायु (प्रदूषण निवारण एवं नियंत्रण) अधिनियम, 1981
- जल (प्रदूषण निवारण एवं नियंत्रण) उपकर अधिनियम, 1977
- पर्यावरण संरक्षण अधिनियम, 1986
- जल (प्रदूषण की रोकथाम और नियंत्रण) अधिनियम, 1974

4.6.4 केंद्र शासित प्रदेशों के लिए राज्य बोर्ड के रूप में केंद्रीय बोर्ड के कार्य

केंद्र शासित प्रदेश के संबंध में और केंद्र शासित प्रदेश के लिए कोई अलग राज्य बोर्ड गठित नहीं किया गया है। भारत सरकार के नीतिगत निर्णय के अनुसार, केंद्रीय प्रदूषण नियंत्रण बोर्ड ने केंद्र शासित प्रदेशों के मामले में जल (प्रदूषण निवारण एवं नियंत्रण) अधिनियम, 1974, जल (प्रदूषण निवारण एवं नियंत्रण) उपकर अधिनियम, 1977 और वायु (प्रदूषण निवारण एवं नियंत्रण) अधिनियम, 1981 के अंतर्गत संबंधित स्थानीय प्रशासनों को शक्तियों एवं कार्यों का प्रत्यायोजन किया है। केंद्रीय प्रदूषण नियंत्रण बोर्ड अपने समकक्षी राज्य प्रदूषण नियंत्रण बोर्डों (CPCB) के साथ पर्यावरणीय प्रदूषण के निवारण एवं नियंत्रण हेतु नियमों के कार्यान्वयन के लिए जिम्मेदार है।

बोर्ड के कार्य: केंद्र शासित प्रदेशों हेतु राज्य प्रदूषण नियंत्रण बोर्डों की भांति केंद्रीय प्रदूषण नियंत्रण बोर्ड के कार्यों का सारांश नीचे दिया गया है।

- जल धारा या कुएँ को प्रदूषित करने वाले अथवा वायु प्रदूषण फैलाने वाले किसी भी संभावित उद्योग के संचालन हेतु परिसर एव या स्थान की उपयुक्तता के संबंध में केंद्र शासित प्रदेशों की सरकारों को सलाह देना।

- सीवेज एवं व्यापारिक बहि:स्रावों (trade effluents) के उपचार और ऑटोमोबाइल, औद्योगिक संयंत्रों तथा अन्य किसी प्रदूषणकारी स्रोत के उत्सर्जन हेतु मानकों को निर्धारित करना।
- भूमि पर सीवेज और व्यापारिक बहि:स्रावों के निपटान हेतु कुशल पद्धति विकसित करना।
- सीवेज, व्यापारिक बहिस्राव के उपचार और वायु प्रदूषण नियंत्रण के उपकरण हेतु विश्वसनीय और आर्थिक रूप से व्यवहार्य पद्धति विकसित करना।
- वायु (प्रदूषण निवारण और नियंत्रण) अधिनियम, 1981 के अंतर्गत अधिसूचित किए गए वायु प्रदूषण नियंत्रण क्षेत्र या क्षेत्रों के रूप में केंद्र शासित प्रदेशों में किसी भी क्षेत्र या क्षेत्रों की पहचान करना।
- परिवेशी जल और वायु की गुणवत्ता का आंकलन करना, और अपशिष्ट जल उपचार प्रतिष्ठानों, वायु प्रदूषण नियंत्रण उपकरण, औद्योगिक संयंत्रों या विनिर्माण प्रक्रिया का निरीक्षण करना ताकि उनके प्रदर्शन का मूल्यांकन किया जा सके और वायु और जल प्रदूषण के निवारण, नियंत्रण और उपशमन के लिए कदम उठाए जा सकें।

4.7 कार्बन क्रेडिट की अवधारणा, कार्बन फुटप्रिंट

कार्बन फुटप्रिंट (पदचिह्न) की अवधारणा पारिस्थितिक फुटप्रिंट के पुराने विचार से आई है, इस अवधारणा का आविष्कार ब्रिटिश कोलंबिया विश्वविद्यालय में कैनेडियन पारिस्थिति विज्ञानशास्त्री विलियम ई. रीस एवं स्विस में जन्मे क्षेत्रीय योजनाकार मैथिस वेकरनागेल ने किया था। ग्रीनहाउस गैस उत्सर्जन (GHG) का मुख्य कारण मानवीय गतिविधियाँ हैं। इसका प्रभाव/परिणाम जलवायु परिवर्तन और ग्लोबल वार्मिंग के रूप में होता है। जलवायु परिवर्तन बिजली, जीवाश्म ईंधन के उपयोग, वनों की कटाई आदि पर मानव की निर्भरता के कारण है। कार्बन-डाइऑक्साइड (CO_2), मीथेन (CH_4) नाइट्रस एसिड (N_2O) और फ्लोरिनेटेड गैसें सामान्य GHG हैं।

कार्बन फुटप्रिंट व्यक्ति, परिवार, घटना (event), संगठन, या यहाँ तक कि पूरे देश के विविध कार्यों द्वारा वायुमंडल में उत्सर्जित ग्रीनहाउस गैसों मुख्य रूप से कार्बन डाइऑक्साइड की मात्रा है। आमतौर पर इसे प्रति वर्ष उत्सर्जित CO_2 की टन में मात्रा के रूप में मापा जाता है। सभी ग्रीनहाउस गैसों में से, क्यों कार्बन फुट प्रिंट CO_2 के विषय में ही है, ऐसा इसलिए, क्योंकि प्रत्येक ग्रीनहाउस का प्रभाव अलग-अलग होता है, उनके कुल प्रभावों को सामान्य तरीके से मापने की आवश्यकता होती है। उदाहरण के लिए, एक टन कार्बन डाइऑक्साइड की तुलना में एक टन मीथेन जलवायु के लिए कहीं अधिक हानिकारक है। संप्रेषण या समझने में आसान बनाने के लिए, सभी ग्रीनहाउस गैसों को CO_2 समकक्षों में मापा जाता है। संख्या दर्शाती है कि, शुद्ध CO_2 की मात्रा का जलवायु पर उतना ही प्रभाव पड़ेगा, जितना कि वास्तव में उत्सर्जित गैसों के मिश्रण का।

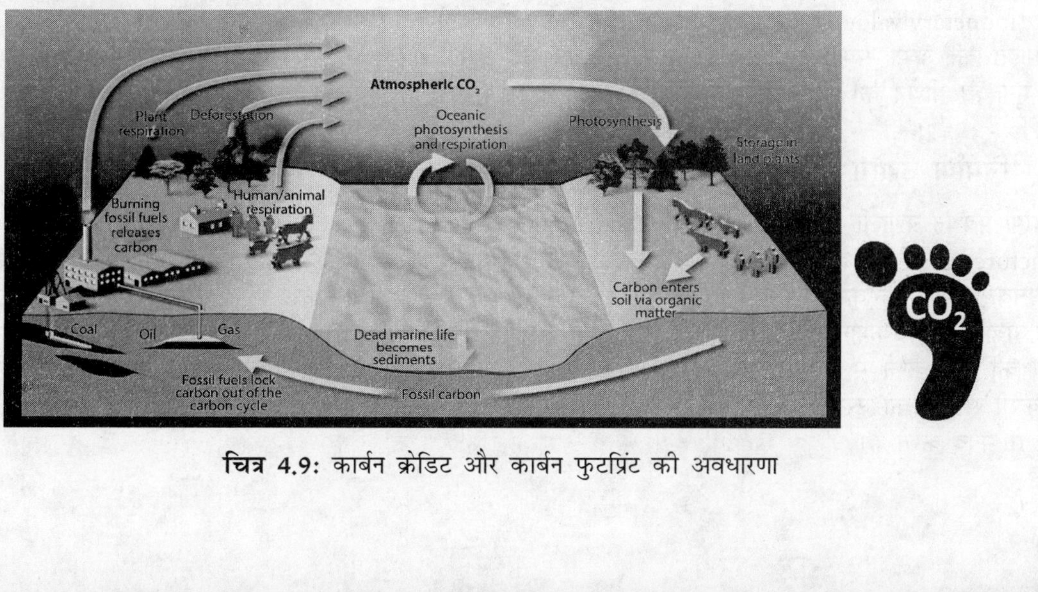

चित्र 4.9: कार्बन क्रेडिट और कार्बन फुटप्रिंट की अवधारणा

कार्बन फुटप्रिंट एक सामान्य फुटप्रिंट की तरह है और वह छाप जिसे हम अपने वातावरण में छोड़ते हैं, लेकिन यह हमारे जूतों के कारण नहीं है, बल्कि यह हमारे हर उस कार्य के कारण है जो वायुमंडल में कार्बन छोड़ते हैं। जीवाश्म ईंधन जैसे; तेल, गैस आदि को जलाने से CO_2 के सामान हानिकारक गैसें निकलती हैं। आप जितना अधिक ईंधन का उपयोग करेंगे उतना ही आपका फुटप्रिंट होगा। उदाहरण के लिए, यदि आप कोई वाहन चलाते हैं तो न सिर्फ वाहन द्वारा छोड़ा गया CO_2 बल्कि वाहन का निर्माण भी कार्बन फुटप्रिंट के लिए जिम्मेदार है। जमीन से तेल निकालने, ईंधन की शुद्धि, ईंधन के परिवहन के लिए आवश्यक ऊर्जा का भी अपना कार्बन फुटप्रिंट होता है। मनुष्य के पास जो कुछ भी है, उसका कार्बन फुटप्रिंट होता है। हम जो किताब पढ़ते हैं, खाना खाते हैं आदि। कल्पना कीजिए कि एक सेब जो हमें हमारे पास के बाजार में मिलता है, उसका भी अपना कार्बन फुटप्रिंट होता है, क्योंकि यह आपके आस-पास के बाजार तक पहुँचने के लिए मीलों की यात्रा करता है। कार्बन फुटप्रिंट को हमारे कार्यों (actions) से कम किया जा सकता है। आइए हम अपने कार्यों और विकल्पों के विषय में सोचें।

हम निर्माण की प्रक्रिया के दौरान या जब प्रक्रिया की योजना/डिजाइन की जा रही हो, कार्बन फुटप्रिंट का पूर्वानुमान/अंदाजा लगाने का प्रयास कर सकते हैं। कार्बन उत्सर्जन दो प्रकार के हो सकते है:

1. **प्रत्यक्ष कार्बन उत्सर्जन:** ऐसे कार्बन उत्सर्जन जो प्रत्यक्ष रूप से स्रोतों से संबंधित हैं जैसे; उद्योग में ईंधन जलने से, निजी वाहनों, गैस स्टोव आदि को प्रत्यक्ष कार्बन उत्सर्जन कहा जा सकता है।
2. **अप्रत्यक्ष कार्बन उत्सर्जन:** ऐसे कार्बन उत्सर्जन जो अप्रत्यक्ष रूप से स्रोतों से संबंधित हैं जैसे; खरीदी गई बिजली, सामग्री का परिवहन, उपचार, उत्पाद की बिक्री आदि को अप्रत्यक्ष कार्बन उत्सर्जन कहा जा सकता है।

हम वैकल्पिक ऊर्जा संसाधनों जो नवीकरणीय संसाधन हैं, जैसे; सौर ऊर्जा और पवन ऊर्जा के विकास के माध्यम से कार्बन फुटप्रिंट को कम कर सकते हैं साथ ही अपनी दैनिक जीवन शैली को बदलकर, ऊर्जा खपत को कम कर सकते हैं जैसे एयर कंडीशनर पर हमारी निर्भरता कम करना, सीएफएल लाइट बल्ब का उपयोग, एनर्जी स्टार उपकरण खरीदना, पुनर्चक्रण, ईंधन दक्ष (फ्यूल एफ्फिसिएंट) वाहन का उपयोग करना। साथ ही जब आवश्यकता ना हो लाइट एवं पंखे को बंद रखने के लिए जागरूकता एवं प्रोत्साहन देकर।

4.7.1 कार्बन क्रेडिट

कार्बन क्रेडिट, GHG के उत्सर्जन को नियंत्रित करने की आवश्यकता के प्रति जागरूकता बढ़ाने के लिए अस्तित्व में आया। यह किसी भी व्यापार योग्य प्रमाण पत्र या परमिट के लिए सामान्य शब्द है जो एक टन CO_2 या GHG की समकक्ष मात्रा के उत्सर्जन के अधिकार का प्रतिनिधित्व करता है। एक कार्बन क्रेडिट एक टन CO_2 के बराबर होता है।

कार्बन क्रेडिट के निर्मिति का मुख्य लक्ष्य ग्लोबल वार्मिंग के प्रभावों को कम करने के लिए औद्योगिक गतिविधियों से CO_2 या अन्य ग्रीन हाउस गैसों के उत्सर्जन में कमी करना है। कार्बन क्रेडिट प्रदूषित हवा की लागत को मौद्रिक मूल्य (monetary value) देकर ग्रीनहाउस उत्सर्जन को कम करने के लिए एक बाजार बनाता है। मीथेन और नाइट्रस ऑक्साइड की उष्मा संपाशित (heat trapping) करने की क्षमता CO_2 की तुलना में क्रमशः लगभग 21 गुना और 310 गुना है। मीथेन को 1 टन कम करना CO_2 को 21 टन कम करने के बराबर है।

4.8 निर्माण उद्योग में पर्यावरण प्रबंधन

पर्यावरण प्रबंधन प्रणाली (Environmnetal Management System), जिसे प्रायः EMS कहा जाता है, संरचित प्रणाली (structured system) है जिसे फैब्रिकेशन उद्योग सहित विनिर्माण उद्योगों को पर्यावरणीय प्रभावों का प्रबंधन करने एवं उनके उत्पादों के कारण पर्यावरणीय निष्पादन (performance) में सुधार करने में सहायता करने के लिए डिजाइन किया गया है। फैब्रिकेशन उद्योग को ऐसी रणनीतियों और गतिविधियों को अपनाने की आवश्यकता है जो पर्यावरणीय प्रभाव को कम करने में सहायता करें। ISO 14001:2015 पर्यावरण प्रबंधन प्रणाली के लिए मानदंड निर्धारित करते है जो किसी संगठन को उसकी गतिविधि और क्षेत्र की परवाह किए बिना उनकी प्रभावी पर्यावरण प्रबंधन प्रणाली स्थापित करने में मदद करते है।

ISO 14001:2015 ईएमएस के लिए आवश्यकताओं को निर्दिष्ट करते है जिसका उपयोग संगठन या उद्योग अपने पर्यावरणीय निष्पादन को बेहतर बनाने के लिए कर सकते है और अपनी पर्यावरणीय जिम्मेदारियों को व्यवस्थित तरीके से प्रबंधित कर, पर्यावरणीय स्थिरता में योगदान देते है। यह संगठन/उद्योग को EMS के अपेक्षित परिणामों को प्राप्त करने में भी मदद करते है, जो पर्यावरण को महत्व प्रदान करते हैं। EMS के अपेक्षित परिणामों में शामिल हैं:

- पर्यावरणीय निष्पादन में वृद्धि
- अनुपालन दायित्वों की पूर्ति
- पर्यावरणीय उद्देश्यों की प्राप्ति

4.9 ISO 14000

ISO 14000 नियमों और मानकों का समूह है, जो औद्योगिक अपशिष्ट और पर्यावरणीय क्षति को कम करने में उद्योगों की मदद करने के लिए बनाए गए है। यह उद्योगों को पर्यावरण के अनुकूल व्यावसायिक लक्ष्यों और उद्देश्यों को प्राप्त करने में भी मदद करता है। मानकों की ISO 14000 श्रृंखला को अंतर्राष्ट्रीय मानक संगठन (Internationsl Standard Organisation) द्वारा वर्ष 1996 में पेश किया गया था और वर्ष 2015 में संशोधित किया गया था।

ISO 14000 प्रमाणन का उपयोग पर्यावरण के प्रति जागरूक उपभोक्ताओं को आकर्षित करने के लिए विपणन उपकरण के रूप में किया जा सकता है और उद्योगों को अनिवार्य पर्यावरणीय नियमों को अपनाने में मदद कर सकता है। यदि कोई निर्माण इकाई ISO 14000 विनियमों से सहमत है, तो इसका अर्थ है कि यह सतत विकास और पर्यावरण संरक्षण के सिद्धांतों के लिए समर्पित है, और कुछ सिद्धांतों का पालन करने की आवश्यकता है, उनमें से कुछ हैं;

1. पर्यावरण प्रबंधन सर्वोच्च प्राथमिकताओं में से एक है।
2. निर्माण प्रक्रिया के दौरान पर्यावरण संरक्षण के लिए विधायी आवश्यकताओं का पालन करना।
3. निर्माण प्रक्रिया के प्रत्येक चरण में पर्यावरण नियोजन सुनिश्चित करना।
4. निर्माण प्रक्रिया में लगे सभी व्यक्तिओं को संसाधन सामग्री और संरक्षण से संबंधित प्रशिक्षण प्रदान करना।
5. संगठन में सभी से पर्यावरण संरक्षण के प्रति प्रतिबद्धता का वचन ले और स्पष्ट रूप से जिम्मेदारी और जवाबदेही सौंपना।
6. लक्षित प्रदर्शन प्राप्त करने के लिए प्रबंधन अनुशासन स्थापित करना।
7. नियमित अंतराल पर अपनाई जा रही पर्यावरण प्रबंधन प्रणाली की समीक्षा करना और सुधार के अवसरों की पहचान करना।

ISO14000 उद्योगों को जल, वायु, वनस्पति, जीव आदि जैसे पर्यावरण के घटकों की रक्षा करने में मदद करता है जो बदले में मानव स्वास्थ्य की रक्षा करने, पर्यावरण की गुणवत्ता बनाए रखने, ग्राहकों की पर्यावरणीय अपेक्षाओं को पूरा करने, सार्वजनिक और सामुदायिक संबंध स्थापित करने आदि में मदद करता है। ISO 14000 प्रावधान प्राकृतिक संसाधनों से लाभ लेने के साथ ही भावी सभ्यंता के लिए पर्यावरण के संरक्षण में मदद करते हैं।

यूनिट सारांश

1. ठोस अपशिष्ट विविध सामग्रियों का जटिल मिश्रण है। ठोस अपशिष्ट में समरूप और विषम दोनों प्रकार के अपशिष्ट होते हैं।
2. ठोस अपशिष्ट को औद्योगिक अपशिष्ट, कृषि अपशिष्ट, खाद्य प्रसंस्करण अपशिष्ट, खनन अपशिष्ट, म्युनिसिपल अपशिष्ट और विशेष अपशिष्ट के रूप में वर्गीकृत किया जा सकता है।
3. म्युनिसिपल ठोस अपशिष्ट को नगरपालिकाओं (municipalties) द्वारा या उनके लिए एकत्रित और उपचारित अपशिष्ट के रूप में परिभाषित किया गया है। इसमें तरल और ठोस दोनों प्रकार के अपशिष्ट सम्मिलित होते हैं।

4. इलेक्ट्रॉनिक अपशिष्ट या ई-अपशिष्ट बेकार पड़े विद्युत या इलेक्ट्रॉनिक उपकरणों का वर्णन करता है। ई-अपशिष्ट के घटकों में खतरनाक और गैर-खतरनाक दोनों प्रकार के पदार्थ होते हैं।
5. जैव चिकित्सा अपशिष्ट (Biomedical Waste) को अस्पतालों, जैविक गतिविधियों, पशु चिकित्सा क्लीनिक और स्वास्थ्य देखभाल इकाइयों में उत्पन्न होने वाले अपशिष्ट के रूप में परिभाषित किया जा सकता है।
6. आमतौर पर पांच अलग-अलग प्रकार के चिकित्सा अपशिष्ट होते हैं; संक्रामक अपशिष्ट, पैथोलॉजिकल अपशिष्ट, फार्मास्युटिकल अपशिष्ट, रेडियोधर्मी अपशिष्ट और सामान्य अपशिष्ट।
7. औद्योगीकरण ने भारी धातुओं की माँग में वृद्धि की है, साथ ही उच्च श्रेणी (high-grade) के अयस्कों के भंडार भी कम हो रहे है। विभिन्न उद्योगों से औद्योगिक अपशिष्ट उत्पन्न होते है, ये अपशिष्ट विषैले होते है।
8. धात्विक अपशिष्टों में Au, Ag, Ni, Cu, Zn, Cr आदि भारी धातुएँ पाई जाती हैं।
9. अधात्विक अपशिष्ट के सबसे बड़े हिस्से में बेकार कागज, लकड़ी, प्लास्टिक, कांच, कपड़ा, स्नेहक और रबर शामिल हैं।
10. म्युनिसिपल सॉलिड वेस्ट (MSW) कस्बों, शहरों और विभिन्न प्रकार की घरेलू गतिविधियों से उत्पन्न विभिन्न ठोस अपशिष्ट का पूल है।
11. MSW में बायोडिग्रेडेबल अपशिष्ट, विद्युत और इलेक्ट्रॉनिक अपशिष्ट, और मिश्रित अपशिष्ट जैसे कपड़े, खतरनाक अपशिष्ट (पेंट, स्प्रे और रसायन), और चिकित्सा अपशिष्ट शामिल हो सकते हैं।
12. उद्योगों, अस्पतालों, घरों से उत्पन्न अपशिष्ट जिनमें जहरीले पदार्थ हो सकते हैं, खतरनाक अपशिष्ट के रूप में जाने जाते हैं।
13. वायु प्रदूषण को वातावरण में मौजूद किसी भी ठोस, तरल या गैसीय पदार्थ के रूप में परिभाषित किया जाता है जो मानव और पर्यावरण के लिए खतरा हो सकता है।
14. दक्षिण अफ्रीका में वर्ष 2004 में वायु गुणवत्ता अधिनियम को अपनाया गया था।
15. वायु प्रदूषण नियंत्रण अधिनियम, 1981 भारत के संविधान के अनुच्छेद 253 के तहत और स्टॉकहोम सम्मेलन के निर्णयों के अनुसरण में पारित किया गया था और वायु प्रदूषण के निवारण, नियंत्रण और उपशमन के उद्देश्य के साथ भारत गणराज्य के 32 वें वर्ष में संसद द्वारा अधिनियमित किया गया था।
16. जल (प्रदूषण की रोकथाम और नियंत्रण) अधिनियम 1974 में जल प्रदूषण की रोकथाम और नियंत्रण, और देश में जल स्वास्थ्य को बनाए रखने या बहाल करने के लिए अधिनियमित किया गया था। अधिनियम 1988 में संशोधित किया गया था।
17. केंद्रीय प्रदूषण नियंत्रण बोर्ड (CPCB), एक वैधानिक संगठन हैं, इसका गठन सितंबर, 1974 में जल (प्रदूषण निवारण एवं नियंत्रण) अधिनियम, 1974 के अंतर्गत किया गया था।
18. CPCB को वायु (प्रदूषण निवारण एवं नियंत्रण) अधिनियम, 1981 के अधीन शक्तियाँ और कार्य सौंपे गए थे।
19. प्रत्येक राज्य का अपना प्रदूषण नियंत्रण बोर्ड (PCB) या प्रदूषण नियंत्रण समिति (PCC) होती है।
20. प्रत्येक PCB/PCC का मुख्य कार्य लोगों में सतत विकास के विषय में जागरूकता पैदा करने और सभी हितधारकों की मदद से राज्य में प्रदूषण मुक्त वातावरण के लिए हाथ मिलाना है।
21. कार्बन फुटप्रिंट की अवधारणा विलियम ई. रीस और मैथिस वेकरनागेल द्वारा विकसित की गई थी और यह नाम पारिस्थितिक फुटप्रिंट की अवधारणा से लिया गया था।
22. कार्बन फुटप्रिंट्स उन गैसों के उत्सर्जन को मापते हैं जो वातावरण में जलवायु परिवर्तन के लिए जिम्मेदार है।
23. कार्बन क्रेडिट प्रदूषित हवा की लागत को मौद्रिक मूल्य देकर ग्रीनहाउस उत्सर्जन को कम करने के लिए एक बाजार बनाता है।
24. मीथेन और नाइट्रस ऑक्साइड की उष्मा संपाशित (heat trapping) करने की क्षमता CO_2 की तुलना में क्रमशः लगभग 21 गुना और 310 गुना है। मीथेन को 1 टन कम करना CO_2 को 21 टन कम करने के बराबर है।

25. पर्यावरण प्रबंधन प्रणाली, जिसे प्राय: EMS कहा जाता है, संरचित प्रणाली है जिसे फैब्रिकेशन उद्योग सहित विनिर्माण उद्योगों को पर्यावरणीय प्रभावों का प्रबंधन करने एवं उनके उत्पादों के कारण पर्यावरणीय निष्पादन में सुधार करने में सहायता करने के लिए डिजाइन किया गया है।
26. ISO 14000 प्रावधान प्राकृतिक संसाधनों से लाभ लेने के साथ ही भावी सभ्यता के लिए पर्यावरण के संरक्षण में मदद करते हैं।

रोचक तथ्य

1. विश्व में सबसे ज्यादा मृत्यु का एक कारण प्रदूषण है, जिससे 100 मिलियन से अधिक लोग प्रभावित हैं। इसकी तुलना मलेरिया और HIV जैसी वैश्विक बीमारियों से की जा सकती है।
2. हर साल 1 मिलियन से अधिक समुद्री पक्षी और 100,000 समुद्री स्तनपायी प्रदूषण से मारे जाते हैं।

3. जो लोग उच्च वायु प्रदूषण वाले क्षेत्रों में रहते हैं, उनमें कम प्रदूषण वाले क्षेत्रों में रहने वाले लोगों की तुलना में फेफड़ों के कैंसर से मृत्यु का जोखिम 20% अधिक होता है।
4. मिसिसिपि नदी अनुमानित 1.5 मिलियन मीट्रिक टन नाइट्रोजन प्रदूषण हर वर्ष मेक्सिको की खाड़ी में लाती है, जिससे हर गर्मियों में न्यू जर्सी के आकार के बराबर खाड़ी में 'मृत क्षेत्र' बन जाता है।
5. अमेरिका में लगभग 40% झीलें मछली पकड़ने, जलीय जीवन या तैराकी के लिए अत्यधिक प्रदूषित हैं।
6. अमेरिकी दुनिया की आबादी का अनुमानित 5% हिस्सा हैं। हालाँकि, अमेरिका दुनिया के 25% संसाधनों का उपयोग करता है– लगभग 25% कोयला, 26% तेल और दुनिया की 27% प्राकृतिक गैस का दहन करते है।
7. बच्चे दुनिया की आबादी का 10% हिस्सा हैं, वैश्विक स्तर पर 40% से अधिक बीमारी का बोझ उन पर पड़ता है। हर साल पांच साल से कम उम्र के 30 लाख से अधिक बच्चों की पर्यावरणीय कारकों से मृत्यु हो जाती है।
8. वर्ष 2010 में पुनर्चक्रण और कंपोस्टिंग के कारण 85 मिलियन टन प्रदार्थ को निपटान (डिस्पोजल) से रोका, जो वर्ष 1980 में 18 मिलियन टन था।
9. भारत में प्रति वर्ष 43 मिलियन टन ठोस अपशिष्ट का संग्रह किया जाता है, जिसमें से केवल 11.9 मिलियन, अर्थात 22–28% का ही उपचार किया जाता है, जबकि लगभग 31 मिलियन टन अपशिष्ट को अनुपचारित छोड़ दिया जाता है और लैंडफिल साइट में फेंक दिया जाता है।

10. दिल्ली, मुंबई, चेन्नई, हैदराबाद, बेंगलुरु और कोलकाता जैसे प्रमुख महानगरीय शहर हर दिन लगभग 10 मिलियन टन अपशिष्ट पैदा करते हैं।
11. केंद्रीय प्रदूषण नियंत्रण बोर्ड (सीपीसीबी) की रिपोर्ट के अनुसार, महाराष्ट्र प्रतिदिन 26,820 टन से अधिक ठोस अपशिष्ट पैदा करके ठोस अपशिष्ट उत्पादन में सबसे ऊपर है।
12. ई-अपशिष्ट क्षेत्र में, मुंबई पहले नंबर पर आता है यह प्रति वर्ष अनुमानित 1,20,000 टन ई-अपशिष्ट उत्पन्न करता है।

13. दिल्ली और बेंगलुरु क्रमश: 98,000 और 92,000 टन ई- अपशिष्ट उत्पादन के साथ दूसरे और तीसरे स्थान पर हैं।
14. हमारे पर्यावरण को सबसे बड़ा खतरा प्लास्टिक से है। भारत के 60 प्रमुख शहरों का मिलाकर प्रतिदिन 3,500 टन से अधिक प्लास्टिक कचरा निकलता हैं, जिसमें नई दिल्ली, चेन्नई, कोलकाता, मुंबई, बेंगलुरु, अहमदाबाद और हैदराबाद जैसे शहर सबसे बड़े दोषी हैं।

अभिनव गतिविधियाँ

1. **संगोष्ठी (सेमिनार):** एक विषय को, 8 से 10 विद्यार्थियों के मध्य प्रस्तुति के लिए उप विषयों में विभाजित किया जा सकता है।
2. **परिसंवाद (सिम्पोजियम):** विद्यार्थियों द्वारा अपनी पसंद के विषय पर शोध पत्रों का प्रस्तुतिकरण।
3. **समूह परिचर्चा (ग्रुप डिस्कशन):** परिचर्चा दस विद्यार्थियों के एक समूह में, जिसमे से एक समूह लीडर, एक मॉडरेटर और एक रिकॉर्डर। समूह के लीडर, सभी विद्यार्थियों की भागीदारी सुनिश्चित करने के लिए जिम्मेदार होंगे, मॉडरेटर सुनिश्चित करेंगे कि परस्पर बातचीत (क्रॉस वार्ता) न हो और रिकॉर्डर अपने स्वयं के सहित टिप्पणियों, परिचर्चा को रिकॉर्ड करे।
4. **प्रोजेक्ट वर्क:** 3 से 4 विद्यार्थियों के समूह को उपयुक्त विषय पर प्रोजेक्ट कार्य सौंपा जा सकता है। प्रोजेक्ट कार्य प्रयोगात्मक या शोध प्रकृति का हो सकता है।
5. **शैक्षिक यात्रा:** केंद्रीय और राज्य प्रदूषण नियंत्रण बोर्ड की शैक्षिक यात्रा।
6. **सामाजिक गतिविधियाँ:** घरेलू अपशिष्ट उत्पादन को कम करने के लिए विद्यार्थियों के समूह को घर-घर जाकर जागरूकता बढ़ाने के अभियान में शामिल किया जा सकता है।

अभ्यास

(A) विषयनिष्ठ प्रश्न

1. ई-अपशिष्ट के स्रोतों और विशेषताओं का वर्णन करें।
2. प्लास्टिक प्रदूषण खतरा क्यों है? इसे कम कैसे किया जा सकता है?
3. म्युनिसिपल ठोस अपशिष्ट के संग्रहण की कुछ विधियों की सूची बनाइए।
4. खतरनाक अपशिष्ट और उसके प्रकार की व्याख्या करें।
5. वायु गुणवत्ता अधिनियम 2004 की व्याख्या कीजिए।
6. केंद्रीय प्रदूषण नियंत्रण बोर्ड की संरचना और भूमिका की व्याख्या करें।
7. कार्बन फुटप्रिंट्स की व्याख्या करें।
8. ISO 14000 एवं इसके लाभों का वर्णन करें।
9. कोविड-19 के दौरान पीपीई किट और सर्जिकल मास्क का उपयोग किया गया था, उनके निपटान की कुछ विधियों और पुनर्चक्रण की तकनीकों का सुझाव दें।
10. प्लास्टिक के उपयोग को कम करने के लिए आप लोगों को कैसे जागरूक बना सकते हैं?

(B) बहुविकल्पीय प्रश्न

1. कचरा शब्द किससे संबंधित है?
   (a) जैव निम्नीकरणीय अपशिष्ट (b) अजैव निम्नीकरणीय अपशिष्ट
   (c) ई-अपशिष्ट (d) जैव चिकित्सा अपशिष्ट
   (e) उपरोक्त सभी

2. निम्नलिखित में से कौन-सा धातु अपशिष्ट नहीं है?
   (a) Au (b) Ni
   (c) Cu (d) C
3. निम्नलिखित में से किस स्नेहक को पुनर्चक्रित किया जा सकता है तथा शोधन और पेट्रोकेमिकल उद्योगों के लिए उपयोग किया जा सकता है।
   (a) जल (b) तेल
   (c) ग्रीस (d) वैसलीन
4. निम्न में से कौन 3R में नहीं आता है?
   (a) रीड्यूस (कम उपयोग) (b) रीसाइकिल (पुनर्चक्रित)
   (c) रीफ्यूज (मना करना) (d) रीयूज (पुनः उपयोग)
5. निम्नलिखित में से कौन ई-अपशिष्ट के अंतर्गत नहीं आता है?
   (a) टीवी (b) सर्जिकल मास्क
   (c) स्पीकर (d) एसी
6. टायर के निर्माण में किस प्रक्रिया का उपयोग किया जाता है?
   (a) कास्टिंग (b) फाउंड्री
   (c) वेल्डिंग (d) वल्केनाइजेशन
7. वायु प्रदूषण नियंत्रण अधिनियम किस वर्ष स्थापित किया गया था?
   (a) 1979 (b) 1980
   (c) 1981 (d) 1982
8. कौन सा एक प्रकार का चिकित्सा अपशिष्ट नहीं है?
   (a) संक्रामक अपशिष्ट (b) नगर निगम अपशिष्ट
   (c) रेडियोधर्मी अपशिष्ट (d) सामान्य अपशिष्ट
9. केंद्रीय प्रदूषण नियंत्रण बोर्ड के प्रधान होते है?
   (a) सदस्य सचिव (b) संयुक्त सचिव
   (c) अध्यक्ष (d) अतिरिक्त सचिव
10. निम्नलिखित में से कौन सा ठोस अपशिष्ट का अंतिम निपटान नहीं है?
   (a) जमीन पर डंपिंग (b) पानी में डंपिंग
   (c) ओपन डंपिंग (d) भस्मीकरण

बहुविकल्पीय प्रश्नों के उत्तर

1 (e) 2 (d) 3 (b) 4 (c) 5 (b) 6 (d) 7 (c) 8 (b) 9 (c) 10 (c)

अध्ययन हेतु सुझाए गए संसाधन

(A) संदर्भ पुस्तकें:

- G.S. Sodhi, Fundamental Concepts of Environmental Chemistry, Marisa, 2011.
- Dr SS Dara and Dr DD Mishra, A textbook of environmental chemistry and pollution control, S. Chand, 2011.
- S.M. Khopkar, Environmental Pollution Analysis, New age international publishers, 2011.
- R. Rajagopalan, Environmental Studies, Oxford University Press, 2005.
- Arceivala, Soli Asilekar, Shyam, Waste Water Treatment for Pollution Control and Reuse, Mc-Graw Hill Education India Pvt. Ltd., New York, 2007, ISBN:978-07-062099-5.
- Patwardhan, A.D, Industrial Solid Waste, Teri Press, New Delhi, 2013, ISBN:978-81-7993- 502-6.
- Metcalf-Eddy, Waste Water Engineering, Mc-Graw Hill, New York, 2013, ISBN:077441206.

(B) ओपन सोर्स सॉफ्टवेयर एवं वेबसाइट:

- https://advisera.com/14001academy/what-is-iso-14001/
- www.cpcb.nic.in
- www.cpcb.gov.in
- www.indiawaterportal.org
- www.sustainebledevelopment.un.org
- https://celitron.com › types-of-biomedical-waste-definition.
- https://enterslice.com › state-pollution-control-board
- https://vikaspedia.in/energy/environment/waste-management/municipal-solid-waste-management
- https://onlinelibrary.wiley.com/doi/abs/10.1002/9781118991978.hces092
- https://advisera.com/14001academy/what-is-iso-14001/
- https://www.indiawaterportal.org

फोटोग्राफ: सौजन्य "क्रिएटिव कॉमन"

(C) विडियो संसाधन:

म्युनिसिपल ठोस अपशिष्ट प्रबंधन

ठोस अपशिष्ट का पृथक्करण और प्रसंस्करण

ठोस अपशिष्ट का पृथक्करण और भंडारण

प्रदूषण नियंत्रण बोर्ड की संरचना और भूमिका

CO और PO अटैनमेंट तालिका

पाठ्यक्रम पूर्ण होने के उपरांत कोर्स आउटकम्स (COs) को प्रोग्राम आउटकम्स (POs) के साथ मैप (परस्पर संबंध) किया जा सकता है तथा अन्तर का विश्लेषण करने के लिए च्छे प्राप्ति हेतु सहसंबंध स्थापित किया जा सकता है। POs प्राप्ति में अन्तर के उचित विश्लेषण पश्चात प्राप्त कमियों को दूर करने के लिए उचित उपाय भी किये जा सकते हैं।

कोर्स आउटकम्स (COs)	प्रोग्राम आउटकम्स (POs) के साथ अपेक्षित संबंध *1. कमजोर सहसंबंध; 2. मध्यम सहसंबंध; 3. मजबूत सहसंबंध*						
	PO-1	**PO-2**	**PO-3**	**PO-4**	**PO-5**	**PO-6**	**PO-7**
CO-1							
CO-2							
CO-3							
CO-4							
CO-5							
CO-6							

उपरोक्त तालिका में उल्लेखित किये गए आंकड़ों का उपयोग, अन्तर के विश्लेषण करने में किया जा सकता है।

पर्यावरण से संबंधित महत्वपूर्ण दिवस

महत्वपूर्ण दिवस	दिनांक	महत्वपूर्ण दिवस	दिनांक
विश्व वन दिवस	21st March	ओजोन दिवस	16th September
विश्व स्वास्थ्य दिवस	7th April	वन्य जीव सप्ताह	अक्टूबर का पहला सप्ताह
पृथ्वी दिवस	22nd April	विश्व प्रकृति दिवस	3rd October
तंबाकू विरोधी दिवस	31st May	विश्व खाद्य दिवस	16th October
विश्व पर्यावरण दिवस	5th June	संयुक्त राष्ट्र दिवस	24th October
विश्व जनसंख्या दिवस	11th July	राष्ट्रीय पर्यावरण जागरूकता माह	19th November – 18th December

अनुक्रमणिका

शब्दकोष

अकार्बनिक	Inorganic
अजैव-निम्नीकरणीय	Non-Biodegradable
अजैविक	Abiotic
अधात्विक	Non-Metallic
अधिप्लाव	Spillage
अधिशोषण	Adsorption
अनुप्रस्थ	Transverse
अपकेन्द्री	Centrifugal
अपघटन	Decomposition
अपघटित	Decomposed
अपचायक	Reduction
अपक्षयन	Weathering
अमोनियाकरण	Ammonification
अम्ल वर्षा	Acid Rain
अलवणीकरण	Desalination
अवरक्त	Infrared
अवशोषक	Absorber
अवशोषण	Absorption
अवायवी	Aerobic
अवायवीय	Anaerobic
आर्द्रभूमि	Wetland
ओजोन क्षरण	Ozone Depletion
ऑक्सीकरण	Oxidation
ई-अपशिष्ट	E-waste
उत्पादक	Autotrophs
उत्प्रेरक परिवर्तक	Catalytic Convertor
उत्सर्जन	Emissions
उपभोक्ता	Heterotrophs
उर्वरक	Fertilizer
ऊष्मा रोधन	Insulation
ऊष्मीय मान	Heat Value
कचरा	Grabage
कणिकीय प्रदार्थ	Particulate Matter
कवक	Fungi
कार्बनिक	Organic
कीटनाशक	Insecticides
खतरनाक	Hazardous
खाद्य जाल	Food Web
खाद्य श्रृंखला	Food Chain
गैर-दहनशील	Non-Combustible
जल अलवणीकरण	Water Desalination
जलीय	Aquatic
जैव-चिकित्सा	Biomedical
जैव-निम्नीकरणीय	Biodegradable
जैविक	Biotic
ज्वलनशील	Flammable
ज्वारीय ऊर्जा रूपांतरण	Tidal Energy Conversion
तटीय	Coastal
तापन	Heating
दहन	Combustion
धात्विक	Metallic
नवीकरणीय	Renewable

निपटान	Disposal
निलंबित कणिकीय पदार्थ	Suspended Particulate Matter
नैदानिक	Clinical
पवन ऊर्जा	Wind Energy
पराबैंगनी	Ultraviolet
परिदूषण	Fouling
पर्यावरण	Environment
पाचन	Digestion
पारगम्यता	Permeability
पारिस्थितिकी	Ecology
पारिस्थितिकी तंत्र	Ecosystem
पीड़कनाशी	Pesticides
पुन:उपयोग	Reuse
पुन:चक्रण	Recycle
पूर्व-उपचार	Pre-Treatment
प्रकाश विद्युत	Photoelectric
प्रदूषक	Pollutant
प्रदूषण	Pollution
बहि:स्राव	Effluent
बायोमास	Biomass
भस्मीकरण	Incineration
भू-तापीय ऊर्जा	Geothermal Energy
भू-भरण	Landfill
मरूस्थलीय	Desert
महासागर तापीय ऊर्जा	Ocean Thermal Energy
महीन निस्पंदन चरणों	Fine Filtration Stages
मीठा पानी	Fresh Water
म्युनिसिपल ठोस अपशिष्ट	Municipal Solid waste
यांत्रिक ऊर्जा	Mechanical Energy
राख की मात्रा	Ash Content
रेडियोधर्मी	Radioactive
रोगजनक	Pathogenic
लघुगणकीय	Logarithmic
वायुगतिकीय व्यास	Aerodynamic Diameter
वायुमंडल	Atmosphere
वाष्पशील कार्बनिक यौगिक	Volatile Organic Compounds (VOC's)
विकिरणों	Radiation
विघटक	Saprotrophs
विद्युतचुम्बकीय	Electromagnetic
विनाइट्रीकरण	Denitrification
विलायक	Solvent
विलेय	Solute
वैश्विक तापन	Global Warming
शाकनाशी	Herbicide
शीतलन	Cooling
शुष्क भाप बिजली संयंत्र	Dry steam power plant
संघटन	Composition
संपीड़ित हवा	Compressed Air
संवाहक	Conductor
संक्षारण	Corrosion
संक्रामक	Contagious
संग्रह	Collection
संग्राहक	Collector
समताप मंडल	Stratosphere
समुद्री	Marine
सांद्रता	Concentration
सूक्ष्मजीव	Microorganism
सौर ऊर्जा	Solar Energy
सौर तालाब	Solar Pond
स्नेहक	Lubricant
स्थलाकृति	Topography
स्थलीय	Terrestrial
स्लैगिंग	Slagging
स्थिरीकरण	Fixation
हरित गृह प्रभाव	Green House Effect